발 효

고이즈미 다케오 지음 | 장현주 옮김

AK TRIVIA BOOK

CONTENTS

「발효」란 영어로 fermentation이다. 이것은 라틴어의 fervere에서 생겨난 것으로, 그 의미는 '솟다'이다. 아마도, 알코올 발효 때 생기는 탄산가스가 거품이 되어 솟아나는 현상을 가리켜, 이렇게 이름 붙였을 것이다.

하지만, 발효란 그렇게 간단한 것만을 가리키는 것이 아니라, 오늘날에는 몹시 광범위한 미생물의 응용을 총칭하는 의미로 사용되고 있다. 그 현대적 발효를 필자 나름대로 정의하면 다음과 같다.

> 세균류, 효모류, 사상균(곰팡이)류, 조균류(藻菌類) 등의 미생물 그 자체나, 그 효소류가 유기물 혹은 무기물에 작용하여, 메탄이나 알코올, 황기산 같은 유기화합물을 만들어내거나, 탄산가스나 수소, 암모니아, 황화수소 같은 무기화합물을 만들어내는데, 그 현상이 인류에게 유익한 것.

따라서 그 발효작용을 응용한 공업의 영역 안에는, 우리들 신변에서 보이는 주류나 알코올의 양조, 발효식품 산업뿐만 아니라, 유기산, 아미노산, 핵산 관련 물질, 항생물질, 생리활성 물질, 당 관련 물질, 효소제제(製劑), 미생물 단백질 등의 발효공업도 포함한다. 또한 그와 같은 공업적 영역을 넘어, 인간을 둘러싼 자연계의 환경 정화라는 중요한 미생물 활동도 역시 발효 분야에 들어가게 된다. 만약 인류 사회에 발효라는 미생물의 거대한 은혜가 없었다면, 인류는 물론 동물이나 식물까지도 지구상에 존재하지 못하게 된다는 것은, 본서를 읽으면 충분히 이해하게 될 것이다.

하여간 지금까지 '발효'라고 하면 술이나 치즈의 제조 같은 극히 좁고 제한된 범위 내에서 이해되어왔는데, 본서의 목표는 더 커다란 시점에서 발효를 응시하는 데 있다. 그렇게 독자가 눈으로 볼 수 없는 미세한 거인들의 경이로운 세계를 들여다보고, 발효라는 그 일하는 모습의 의의를 느끼며, 오늘날까지 발효를 발전시켜온 인간의 지혜의 깊이와 발상의 훌륭함 등도 함께 파악하신다면, 본서는 역할을 충분히 했다고 할 수 있을 것이다.

고이즈미 다케오

제1장
지구와 미생물

지구의 탄생

우주는 엄청나게 넓고 무한하다. 그 안에, 역시 무한할 정도의 크기를 보이는 다수의 천체가 있다. 그 천체 중 하나에, 태양을 중심으로 운행하고 있는 작은 천체 집단과, 그것을 포함한 공간이 있는데, 이를 태양계라고 부른다. 수성, 금성, 지구, 화성, 목성, 토성, 천왕성, 해왕성의 8개 행성과, 여기에 속하는 31개의 위성 및 약 1500개의 소행성으로 이루어져 있다.

작은 집단이라 해도, 그것은 전우주적인 시점에서 봤을 경우의 표현이다. 우리가 살고 있는 지구에서 보면, 태양계의 크기는 천문학적 숫자로 표시할 정도로 거대하다. 원반 모양으로 퍼진 직경은 100억 킬로미터. 그 아찔할 정도로 넓은 공간 속에 아주 작은 점이 지구이다.

지구상에는, 앞으로 말할 미세한 원생생물과 다양한 동물, 식물이 그 생명을 계속 유지하면서, 날마다 열심히 살고 있다. 모든 생물에게 생명의 장인 지구가, 실은 태곳적부터 미생물의 생명현상에 의해 지금까지 유지되어왔고, 앞으로도 그들 없이는 존속할 수 없다고 말한다면, 대부분의 독자는 아마도 납득이 가지 않아 의아한 얼굴을 할 것이다. 하지만 이는 분명한 사실로, 지구와 함께 우리 인간들이 살아남은 이유는, 바로 미생물들의 신비한 생명현상 덕분이라고 말해도 틀린 말이 아니기 때문이다. 그 증거를 앞으로 서술할 텐데, 그러기 위해서는 반드시 지구의 탄생과 미생물의 출현에 대해서 간단하게 언급해야만 한다.

45억 년 전, 그 거대한 성간운(우주운)이 수축을 시작하여, 원시 태양계 성운이 탄생했다. 이 성운의 온도가 서서히 내려가자, 이번에는 그 안에 있던 미세한 먼지 상태의 고체입자도 응축을 시작하여, 이것이 서로 충돌하면서 부착하여 점점 성장해, 성운의 적도면에 고체의 얇은 원반층(圓盤層)을 형성했다. 이 원반층은 더욱 밀도가 상승하여, 결국 어느 한계에 달하자 분열하며 미행성(태양계가 생겨날 때 존재했던 것으로 생각되는 작은 천체-역주)이 생겨났는데, 이것들이 또 한 번 충돌하고 합체하면서 성장하여, 결국에는 지구를 포함한 8개 행성의 모체가 만들어졌다. 이것을 원시행성이라고 하는데, 성간운의 수축부터 이 원시행성의 형성까지는, 불과 1000만 년~1억 년 정도라고 본다.

그 후, 이 행성들은 혼자 힘으로 스스로를 형성해가는데, 예를 들면 지구와 목성, 화성, 토성이라는 행성 간의 구조와 성상(性狀, 성질과 상태-역주), 형상의 차이는, 원시행성이 생긴 상황과 태양계 성운 내 장소와 위치 등에 의해 생긴 것이라고 본다.

이렇게 형성된 원시지구의 주위에는, 원시태양계 성운의 두꺼운 가스가 둘러싸고 있었는데, 서서히 철과 니켈 등 무거운 금속은 지구 내부로 가라앉아 지핵(地核)을 형성하고, 그 상부와 지각 사이에는 맨틀이 만들어졌다. 이 시점에서 오늘까지의 시간을 일반적으로 지구 연령이라고 하는데, 방사성 동위원소를 사용하여 구한 연령은 45.5억 년이다. 지구는 그 후에도 활발한 지각 운동을 일으키며 대기와 해수, 대륙 등을 형성하여, 서서히 오늘날의 지구가 완

미세한 생물화석의 현미경 사진

성되었다.

생명의 탄생

그와 같은 창성기의 지구상에 생명의 근원이 깃들기 시작한 시기는, 지구 연령이 10억 년 정도 지난, 지금부터 35억 년 전이다. 선캄브리아 시대 지질층의 암석을 파내 조사해보니, 그 안에 미화석(현미경적 크기의 미소생물 화석)이 섞여 있었다는 사실로 분명해졌다. 이 미화석 생물은 세균으로, 거기에 *Eobacterium isolatum*(에오박테리움 이솔라툼)이라는 학명이 붙여졌다. 그 외 유명한 미화석으로는 캐나다 중앙부의 온타리오에서 출토된 세균과 남조(藍藻, 원핵생물에 속하는 가장 원시적인 조류-역주)가 있는데 어느 쪽이든 선캄브리아 시대로, 이미 미세한 생물이 이 지구상에 꿈틀거리고 있었던 것은 분명하다.

몹시 흥미로운 사실은, 이러한 생물이 출현한 당시 지구의 대기 중에는 아직 산소가 없었던 까닭에, 산소를 필요로 하지 않은 미생물이었던 듯하다. 단, 물은 어떠한 생물이든 꼭 필요한 물질인데, 물이 이미 지구상에 존재했다는 사실은, 서그린랜드에서 출토된 35억 년 전 수중에서 퇴적된 암석 시료를 보면 분명하다.

그 후, 지구 대기에 산소가 점점 늘기 시작하는데, 그 증가 상태는 현재 대기 중의 산소 함유율을 100%로 하면, 20억~10억 년 전에는 1%, 7억 년 전에는 5%, 5억 년 전에는 갑자기 증가하여 50~70%, 그리고 3억~1억 년 전에는 오늘날과 거의 같은 100% 농도에 달했다. 산소의 형성에는, 대기 중의 수증기가 자외선에 의해 분해되어 만들어졌다는 설도 있지만, 산소 출현과 부합하여 광합성 생물이 탄생한 사실을 보면, 그 생물들에 의해 만들어졌다고 보는 것이 일반적이다.

5억 년 전에 급격하게 산소가 증가한 이유는, 바로 그 무렵부터 지구상에 양치류가 번성하기 시작하고, 더 나아가 육지에는 여러 가지 식물 숲이 형성되었기 때문이다. 따라서 그 이전의 경미한 산소는, 오늘날에도 보이는 녹색 유황 세균이나 붉은 유황 세균 등 광합성 세균에 의한 것이다. 그 후 지구상의 많은 생물이 산소를 꼭 필요로 하는 것을 보면, 지구에게 있어서 최초의 생물인 이 미세한 산소생산균(광합성균)의 역할은, 참으로 의의가 크고 위대한 것이었다.

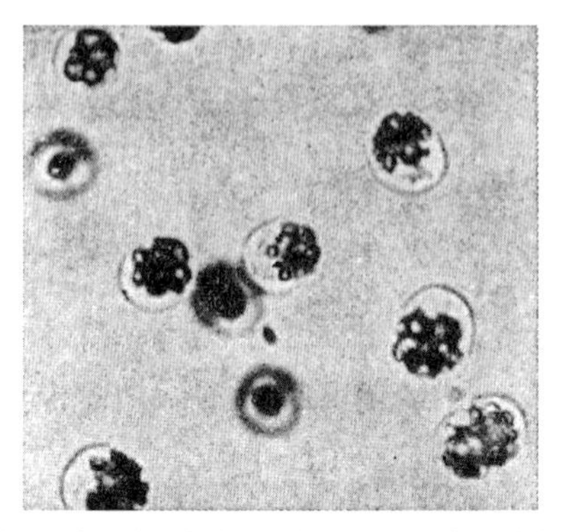

유황세균. 세포 내에 유황을 축적하고 있는 것을 잘 알 수 있다(『미생물학』에서).

그런데 산소조차 없고, 더구나 영양소가 되는 유기물조차도 충분히 없었던 무기질 주체의 지구에서, 최초의 생산물은 대체 무엇을 에너지원으로 삼아 살았던 것일까. 이 의문은 오늘날에도 볼 수 있는 어떤 특수한 세균으로부터 추측할 수 있다. 즉 석유지층 안이나 화산토양, 유황광상(硫黃鑛床), 철광상 등에서 쉽게 분리되는 무기 영양 미생물이 그것인데 무기물에서만 영양을 취해 생활, 증식할 수 있는 신기한 미생물군이다.

그러한 미생물에는 유황을 먹고 사는 유황세균, 질화물을 영양원으로 하는 질화세균, 수소를 에너지원으로 삼아 생육하는 수소세균, 그리고 철에 작용하여 살아가는 양식으로 삼는 철세균 등이 있다. 무기물을 먹고도 살 수 있는 이 최초의 원시 미생물의 영양 섭취법의 초능력을 보면, 그 후의 미생물이 얼마나 다양한 능력을 그 미세한 체내에 축적하여 오늘에 도달했는지 잘 알 수 있다. 또 오늘날, 복잡하고 다방면에 걸친 중요 물질을 인류에게 가지고 온 미생물의 놀랄 만한 능력의 원점을 찾는다면, 이 지점에 있는 듯한 느낌이 든다.

그런데 미생물이 지구상에 출현한 계기, 즉 '생명의 기원'에 대해서는 오래전부터 다양한 사고방식이 존재해왔다. 그중에 가장 저명한 것은, 러시아의 생화학자 오파린이 제창한 『생명의 기원』(Vozniknovenie zhizni na zemle, 1936)이다. 이 가설은 현재 가장 많은 지지를 받으며 생명연구의 기초가 된 것으로, 그 생각은 다음과 같다.

원시지구 환경에서는 우선, 암모니아, 시안화수소, 인, 이산화탄소 등 무기질과, 메탄, 에탄, 아세틸렌 등 유기물이 혼합되고, 이 혼합기체에 자외선이나 전자파 등의 빛, 더 나아가 화산 마그마의 열 등 물리적 조건이 더해져 우선 아미노산, 당, 염기 등 생체 구성에 불가결한 물질이 자연적으로 합성되었다. 다음 이들 물질이 더욱 반응을 거듭하여, 우선 세포 구조가 생기고, 또 따로 생긴 대사 활성을 가진 단백질 물질 및 그 합성을 돕는 핵산이 잘 조합되어 생명의 기원이 탄생했다는 '화학 진화설'이다.

이렇게 지구상에 탄생한 최초의 생명은 원생생물(미생물)로서 그 형태 그대로 지금에 이른 것, '생물진화'를 거듭하면서 성장을 계속하여, 결국에는 여러 가지 식물과 동물로까지 발전하여 지금에 이른 것 등, 그야말로 신비로 가득한 감동적인 작업이 계속되어왔다. 35억 년 전, 지구 어딘가의 단 한 점의 땅에 생긴 눈에 보이지 않았던 생명의 근원이 6억 년 전에는 무척추 동물을 탄생시키고 5

억~3억5000만 년 전에는 풀고사리나 여러 가지 식물을 출현시켜 지구에 우거진 숲을 만들었으며 2억 년 전에는 공룡까지 출현시켰다. 그리고 1억5000만 년 전에는 포유류가 탄생하고, 7000만 년 전에는 영장류, 3500만 년 전에는 원시적인 원숭이(파라피테쿠스)가 등장했으며, 마침내 200만 년 전에는 불을 사용하는 운남원모원인(雲南元謨原人), 50만 년 전에는 북경원인이 나타났다.

미생물이 탄생한 35억 년 전을 1월 1일로 하여 지구 달력을 만들면, 인류가 등장한 것은 대략 12월 31일 오후 11시 50분경이 된다. 미생물은 인간이 없던 까마득한 옛날부터 지구 유지를 위해 실로 중요한 발효작용을 해왔는데, 여기에 대해서는 나중에 자세히 설명하겠다.

지구 이외에 미생물은 있는가

미생물은 과연 지구 이외에도 생식하고 있을까. 현재 알려진 바로는, 지구를 둘러싼 대기의 가장 바깥쪽, 즉 대류권과 성층권의 경계 부근인 지상 약 10킬로미터 지점에서 세균의 일종인 *Bacillus*(바실러스)속과 *Micrococcus*(마이크로코커스)속이 생육한다는 사실이 알려져 있다. 또 어떤 보고에서는 성층권에서 더 올라간 지상 30킬로미터 지점에서, 미생물 포자를 검출했다고 한다. 하지만, 이 포자가 발아하여 다시 생육할 수 있는지는 명확하지 않다. 아마도 이렇게 높은 곳에서는 건조 상태와 저온, 높은 자외선 양, 영양 없는 상태 등 열악한 환경이 많이 겹쳐져, 미생물의 생육은 어렵다고 보고 있다.

1969년 7월 20일, 달의 표면 '고요한 바다'에 미국의 3인승 유인 달 탐사선 아폴로 11호는 무사히 연착륙하였는데, 인간은 이때 비로소 달 표면에 첫발을 내디뎠다. 두 사람이 달 표면에 내려 탐사를 하고, 384킬로그램의 달의 암석과 토양을 가지고 돌아왔다. 세계의 약 150명의 과학자들이 이 귀중한 시료의 해명에 몰두했다.

지구를 도는 달이라는 거대한 위성이 지구에서 불과 38만 4000킬로미터밖에 떨어져 있지 않다는 점에서, 그 관심의 중심은 바로 생물 존재의 유무에 있었다. 눈으로 볼 수 있는 생물이 비록 관찰되지 않아도, 눈으로 볼 수 없는 미생물이 혹시 있을지도 모른다. 전 세계 사람들이 숨을 죽이며 기다리는 동안, 과학자들은 시료에서 유기물질 검출에 전력을 쏟았다.

그 결과, 달 암석의 탄소농도는 1그램당 평균 157마이크로그램, 그중 유기물질은 40마이크로그램인데 그 화합물은 카르복실기, 아미노기, 카르보닐기 등이었다. 이 유기화합물들은 지금부터 10억 년 정도 전에 열과 빛 등의 작용을 받아 생성되었다는 것도 밝혀졌다. 또, 그 암석 시료에서는 생명을 구성하는 당과 핵산, 염기, 지방산 등을 찾아내지 못했고, 더 나아가 고정밀도 현미경으로도 지구상의 미생물 형태 같은 것은 전혀 없어서 생물의 존재는 부정되었다.

지구상의 미생물 분포

미생물은 그 형태, 라이프 사이클 등이 고등한 동식물에 비하면 몹시 단순한 데다 여러 환경에 대해서는 놀라울 정도의 적응력을 가지고 있기 때문에, 이 넓은 지구상 도처에 생육하고 있다. 지구에는 우리들 인간이 살고 있는 평온한 지구 외에, 극한의 땅인 남북의 양극지방, 사막, 해저, 화산지대 등이 있는데, 인간이 도저히 살 수 없는 그러한 혹독한 환경에서도 여유 있게 생육하는 미생물도 있으니 놀랍다. 미생물이 얼마나 환경에 순응하는 힘이 강한지, 극지방에 생식하는 미생물을 구체적인 예로 들어보자.

우선 남극이나 북극이라는 극한의 땅. 이전 여기에는 미생물의 생육은 전혀 없다고 했는데, 미생물학이 발달한 오늘날에는 다수의 호저온균(好低溫菌)이 발견되었다. 예를 들면 남극 대륙의 부동호(不凍湖) 영하 18도씨부터 영하 23도씨의 연못 안에는, 많은 종류의 미생물 존재가 확인된 것 외에 극지의 여러 지점에서도 호저온균이 분리되었다.

잘 조사해보면 그들은 균체의 가장 바깥쪽에 있는 세포를 감싼 세포벽에, 고무질같이 두꺼운 다당류를 형성하거나, 섬유 모양의 캡슐 같은 것이 세포벽 바깥쪽에 있거나 하여, 세포 내를 보호하고 있다. 요컨대 우리들이 추울 때 외투를 껴입는 방한법과 거의 같은 방법으로 추위에 대응하고 있는 것을 알았다. 이것은 다시 말하면, 0도씨 이하에서도 세포가 얼지 않는 것을 의미하며, 앞으로 영하에서도 얼지 않는 물질을 만들고자 할 때에는, 이러한 미생물에게서 여러 가지 지혜와 정보를 배울 수 있을 것이다.

반대로 사막처럼 건조하고 작열하는 토양이나 온천의 열탕에서도, 세균이나 효모가 여러 종류 분리되었는데, 그중에서도 고도호온균(高度好溫菌)이라고 불리는 한 무리의 미생물은, 대단히 흥미로운 특수한 적응성이 있다. 예를 들면, *Bacillus stearothermophilus*(바실러스 스테아로서모필러스)라는 세균은, 70~75도씨를 생육의 적당한 온도로 하는 호고온균으로, 그 생육 환경에는 인간 등이 전혀 들어갈 여지가 없는 상태이다.

또 75도씨 이상을 생육 온도로 하는 *Thermus*(서머스)속의 세균 중 *Thermus aquaticus*(서머스 아쿠아티쿠스)는 미국 옐로우스톤 온천장에서 분리된 균인데 고온뿐만 아니라 온천의 유황을 몹시 좋아하는 변종이다. 같은 성질을 가진 세균으로, *Thermus thermophilus*(서머스 서모필러스)가 있는데, 이것은 일본 이즈 온천의 열탕에서 분리된 균이다. 온천을 좋아하는 것은 특별히 인간만이 아닌 듯하다. 현재는, 105도씨라는 물의 비등점 이상의 고온에서 생식하는 세균이 최고 기록인데 이 균은 이탈리아 나폴리 부근의 해저 화산에서 분리된 것이다.

해저 화산에서는 열수광상(熱水鑛床)이라는 지각에서 마그마가 흘러나와 수 백도나 되고 그 주변의 물이 끓고 있는 곳이 있다. 그러한 곳의 뜨거운 물에는 보통, 0.1몰 정도 황산이 포함되어 있어서 강한 산성인 데다 기압도 높다. 그런 극한의 환경하에서도 눈에 보이지 않을 정도의 미세한 생물이 살고 있다고 생각하면 감동

마저 느껴진다. 이러한 균들도 호저온균과 마찬가지로, 세포를 감싼 세포벽에 특수한 구조와 성능 즉 혹독한 외적 환경에 순응하기 위한 대비가 있다.

한편, 심해는 압력이 높은 데다 온도가 낮아, 생육환경은 몹시 혹독하지만, 여기에도 저온호압(低溫好壓) 미생물의 세계가 펼쳐져 있다. 예를 들면 심해 밑에서 채취된 내압균 *Pseudomonas bathycetes*(슈도모나스 바시세테스)는, 1000기압, 3도씨에서 생육 조건이 갖추어지며 서서히 증식을 시작한다.

하지만 이러한 균의 연구는 몹시 어렵다. 1만 미터에 가까운 심해에 배지(培地, 미생물이 좋아하는 먹이)를 떨어뜨리고 수개월 기다렸다가, 거기에 생육한 세균을 건져내 와서 연구하는 지금의 방법은 지상으로 회수한 미생물이 기압이 낮은 탓에 생육할 수 없어, 사멸해버리는 어려움도 계속되고 있다.

해저와는 정반대인 대기 중은 어떨까. 우선 우리들 주변의 대기 중에는 수많은 여러 미생물이 떠다니고 있다. 만약 인간의 눈이 현미경처럼 미세한 생물까지 볼 수 있다면, 아마도 신경질적인 사람이라면 그 엄청난 수에 졸도할 것이다. 특히 눅눅하고 습도가 높은 장마철 등에는 우리들 인간 한 사람의 몸 주변에 수천 마리에서 수만 마리의 미생물이 떠 있다고 생각해도 좋다.

또, 대류권과 성층권의 경계인 상공 10킬로미터 부근에도 미생물이 부유하고 있는 것이 알려졌다. 그처럼 영양원이 전혀 없는 곳에서 무엇을 에너지원으로 삼아 생육하고 있는지 흥미롭다. 아

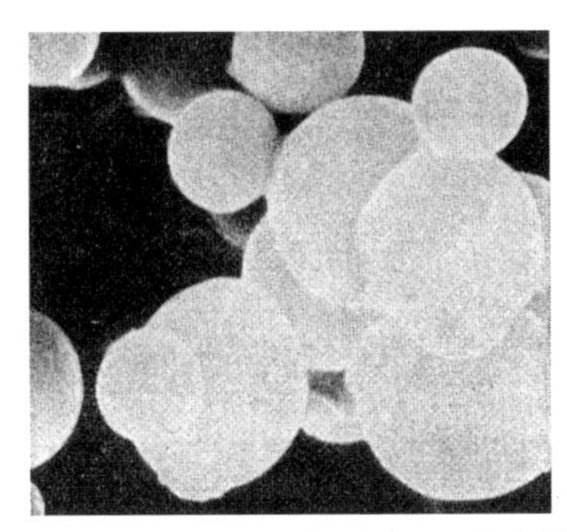

내염성 효모. 불과 수 미크론이라는 미세한 세포지만 20%의 식염 농도에 견디며 증식하거나 발효한다.

마도 태양에서 오는 빛을 솜씨 좋게 이용하거나 지상에서 방출된 여러 가지 유기체 혹은 무기체 가스를 유효하게 이용하는 것으로 추측된다.

이처럼 영양원이 부족한 환경에 생식하고 있는 미생물은, 극소량의 영양분을 효율 좋게 모으는 능력이 몹시 뛰어나다는 사실도 알려져 있다. 그리고 모은 극소량의 영양원을 몸속에 축적하면서, 조금씩 그것을 소비하여 사는 모습은 마치 균체 내에 냉장고가 달린 식량창고를 구비한 것처럼 여겨진다.

또한, 일반적인 미생물의 생사는 침투압에도 좌우된다. 미생물은 단세포이기에 세포 내에 생명을 유지하는 성분과 기관이 있는데, 그것을 세포막과 그 위의 세포벽이 감싸서 보호하고 있다.

이 세포막은 반투막(半透膜)으로 되어 있어서 바깥쪽에 순수한 용매가 진한 상태로 존재할 때, 용매는 그 막을 지나 세포 내로 흘러들어가고, 거꾸로 세포 내의 중요 성분이 밖으로 흘러나와 사멸해버린다. 소금에 절인 것이 미생물에 의해 부패하지 않은 것은, 이 원리에 의해 용매인 식염(염화나트륨)이 세포 내로 들어가, 세포 내 성분이 밖으로 흘러나오기 때문이다.

해수는 약 3.5%의 염화나트륨을 포함하는데 미생물 중에는 이 농도에서조차도 생육할 수 없는 것이 있다. 그런데 일본 간장의 제조에는 17~20%라는 높은 염화나트륨 농도의 침투압에서도, 태연히 발효를 일으키는 간장 효모(Saccharomyces rouxii)와 내염성 유산균(Pediococcus halophilus)이 있다. 하지만, 이 정도로 놀라기는 아직 이르다.

서아시아 지중해 해안에서 100킬로미터 정도의 내륙에 있는 소금호수 사해는, 북쪽은 요르단 남쪽은 요르단과 이스라엘에 속해 있고, 길이 81.6킬로미터, 넓이 17.6킬로미터, 최대 심도 399미터, 평균 심도 146미터, 수면은 지중해 수면보다 397미터나 낮은, 지구상에서 가장 낮은 호수이다. 북쪽 요르단 강에서 하루에 약 650만 톤의 물이 유입되는데, 강우량은 거의 없는 데다가 태양빛이 심하여 물이 끊임없이 증발한다. 배수하천이 전혀 없는데도 수면의 수위는 항상 일정하게 유지되는 신기한 호수이다. 이 호수에는 해수의 약 7배에 해당하는 25%의 염분이 포함되어 있는데, 실제로 핥아보면 혀가 마비될 정도로 짜다.

그런데 여기에도 내염성 미생물이 생육하고 있으며, 그들의 중요한 번식터가 되고 있다. 재미있게도 그들은, 염분의 농도가 낮으면 전혀 생육할 수 없을 정도로 그 호수의 환경에 적응하고 있다. 이 고호염(高好鹽) 미생물들은 에티오피아에서 아프리카 동쪽 연안으로 뻗은 지각 대단층에 생긴 많은 염수호(鹽水湖)에도 폭넓게 생식하며, 그곳을 완전히 점거하고 있다. 그중에는, 염화나트륨과 탄산나트륨이 포화상태이고 온도도 매우 높은 '극한의 한계'라는 곳이 아니면 생육할 수 없다는 강자도 있으니 경탄하게 된다. 이러한 고도호염성균은 매우 오래된 이력을 가지고 있다. 그러한 지역에서 자주 나오는 암염 중에 붉은 반점이 눈에 띄는 것은 수억 년 전 세균 집단의 유물이다.

왜 이처럼 높은 염분하에서 생식할 수 있는가는, 오랫동안 많은 미생물 생태학자들의 연구테마였는데, 지금까지의 연구를 정리해

정수장의 오수도 미생물의 발효작용에 의해 정화된다.

보면, 세포벽에 침투압 방벽이 존재하는 것과 설령 염류가 세포 내에 들어와도 고염하에서도 활성을 보이는 효소가 존재하는 것, 균체 내외의 염농도 구배(勾配)를 유지하는 능동 수송계의 존재 등을 그 이유로 들 수 있다.

이상과 같이, 생육환경에 더없이 순응성이 높고, 살기 위해 필요하다면 초능력을 발휘하는 미생물이 이 넓은 지구의 구석구석에 빽빽이 들어차 생육하고 있다는 사실을 알았을 것이다. 거기서는 놀랄 정도로 많고 다양한 종류의 미생물이 이 지구의 정화와 유지를 위해 조금도 쉬지 않고 발효작용을 하고 있는 것이다. 다음에는 그에 대해 언급해보겠다.

발효미생물의 지구적 역할

영어로 '발효'는 fermentation이다. 이것은 라틴어의 fervere에서 생겨난 것으로, 의미는 '솟다'이다. 아마도, 알코올 발효 때 생기는 탄산가스가 거품이 되어 솟아나는 현상을 가리켜, 이렇게 이름 붙였을 것이다. 하지만, 발효란 그렇게 단순한 것이 아니다. 많은 사전이나 전문서에서는 발효란 '유기물이 효소가 없는 상태에서 미생물의 작용에 의해 분해적으로 변화하는 현상'이라든가, '미생물의 작용에 의해 유기물이 혐기적(嫌氣的)으로 분해 변화하여, 어떠한 물질을 생성하는 현상을 말하는데, 그중에서도 부패와는 반대로, 그 작용이 인간에게 유익한 경우를 말한다' 등이라고 분명히 설명하고 있다.

또 필자 나름대로 정의하면, '세균류, 효모류, 사상균류(곰팡이류), 조균류나 혹은 그 효소류가 유기물 또는 무기물에 작용하여 메탄이나 알코올, 유기물 같은 유기화합물을 만들거나, 탄산가스나 수소, 암모니아, 황화수소 같은 무기화합물을 만들고, 또한 그 현상이 인류에게 유익한 것'을 넓은 의미의 발효라고 할 수 있다. 따라서 우리들의 생활 주변에서 볼 수 있는 알코올 발효나 유산 발효 같은 일반적인 발효뿐만 아니라, 그 영역을 넘어 인간을 둘러싼 환경 정화라는 중요한 자연계의 미생물 활동도 역시 발효 분야에 넣기로 했다.

이 정의에서 생각하면, 예를 들어 자연계의 막대한 양의 동식물 유해가 미생물에 의해 소화되는 것도 '환경 정화 발효'이고 또 진흙탕이나 물웅덩이 등에서 메탄균이 활발히 메탄가스를 부글부글 뿜어내는 것도 훌륭한 '메탄 발효'이며 또한 천연가스 같은 탄화수소를 영양원으로 섭취하게 한 후 거기에 균체를 대량으로 축적시켜 그로부터 단백질을 얻고자 하는 경우, 이것도 '미생물 단백질 발효'이다.

또 미생물은 유기물에 작용하여 에너지를 얻는다. 그때, 뭔가 유익을 우리들에게 제공하는 경우도 있는데 이것도 발효에 포함시켰다. 여기에 관해서는 지금까지 발효를 정의할 때 유기물을 기질(基質, 효소의 작용을 받으면 화학 반응을 하는 물질-역주)의 대상으로 삼았는데 필자는 그 기질 영역을 무기질에까지 확대하여 해석했다. 예를 들어, 저품위(低品位)의 황화동광석(황동석 $CuFeS_2$)에서 은을 효율 좋게 골라내기 위해, 여기에 *Thiobacillus ferrooxidans*(티오바실러스 페로옥시던스)라는 세균을 작용시키면, 그 작용액에 황산구리($CuSO_4$)와 산화철($FeSO_4$)이 생긴다. 이 황산구리에 철(Fe)을 작용시켜, 황산철과 구리를 유리침전(遊離沈澱)시켜 회수하는 방법(박테리아 리칭법)도 훌륭한 '구리분별 발효'이다.

이와 같이, '발효'의 정의를 필자의 독단에 의해 자연계에까지 확대하면 지구상에서 미생물이 유기물을 분해하는 현상, 그것이 인류를 포함한 생물 사회에 더없이 유익한 의의를 가져오는 현상도 역시, 발효에 포함되게 된다. 즉, 먹이사슬을 동반하는 일련의 '생물 지구 화학 순환' 발효이다.

지표상의 동식물에 의한 유기물의 총생산량은, 연간 5000억 톤에서 1조 톤이라고 추정된다. 만약, 여기에 미생물의 발효작용이 없었다면, 지구는 순식간에 동물과 식물의 유해로 파묻혀 버릴 것이다. 만약 그렇게 되면 자연계의 모든 물질 순환은 정지해버려, 모든 생물체는 완전히 죽어 없어질 것이다. 지상의 구석구석에서 생식하고 있는 미생물의 자연계에서의 발효작용이, 얼마나 소중한지 쉽게 이해되는 부분이다.

또, 미생물의 활동은 지표에서의 동식물 유해 분해라는 정화만을 중요한 역할로 하는 것이 아니라, 그것이 동식물의 생명과 종족 유지에도 깊게 관련되어 있다.

생명 유체의 분해에 의해 생긴 칼륨과 암모니아, 인 등의 무기성분과 그 분해 발효 때에 생성된 미생물 자체의 균체 성분 등은, 식물에게 귀중한 영양소로 제공된다. 식물은 이것을 양분으로 성장하고 광합성을 하여 이산화탄소를 고정(固定)해서, 대기 중에 신선한 산소를 방출하고 산소 호흡을 하는 생물에게 살아가기 위해 불가결한 양식을 제공한다. 풀과 나무는 초식 동물의 먹이가 되고, 이것을 먹고 자란 동물은 더욱 강한 동물의 먹이가 된다. 그리고 그러한 동물들도 마지막에는 미생물의 영양물이 되어 땅을 기름지게 한다. 이 먹이 사슬은 강이나 늪, 바다에 있어서도 전적으로 같은 방식으로, 자연계의 균형을 항상 질서 있게 유지한다. 다음에 생물지구화학적 순환에 관계하는 미생물의 발효 원리를 간단히 언급하기로 하자.

동물의 시체나 식물의 낙엽이나 죽은 것을 구성하는 주요한 것은 유기화합물이다. 유기화합물이란, 그 구조 골격에 반드시 탄소(C)를 가진 것으로, 동물체의 주체가 되는 단백질과 지방, 식물체의 탄수화물 등은 모두 탄소를 중심으로 구성된 유기화합물이다.

동식물이 사멸하면, 공기 중에 부유하고 있던 미생물과 토양 표면 등에 있던 미생물이 즉시 그 시체에 모여들어 증식을 하여, 분해 발효가 시작된다. 여기에서 활약하는 미생물은 동물체에서는 주로 세균과 소수의 효모, 식물체에서는 세균 및 사상균(곰팡이) 무리이다.

증식의 개시와 동시에 미생물은 균체 외에 효소(기질 물질을 분해하는 작용이 있는 고분자화합물)를 분비하여, 시체의 유기물을 그 효소로 분해한다. 예를 들어 동물 유해의 경우, 그 주요 성분인 단백질은 그것을 분해하는 단백질 분해효소(프로테아제)에 의해 분해되어 아미노산이 된다. 또 지방은 지방 분해효소(리파아제)에 의해 분해되어, 지방산과 글리세린이 된다. 한편, 식물체의 주요 성분인 탄수화물의 일종인 섬유소는 이것을 분해하는 섬유소 분해효소(셀룰라아제)에 의해 분해되어 포도당이 된다.

이렇게 생성된 아미노산과 지방산, 글리세린, 포도당 등은 미생물들이 즉시 이것을 균체 내에 받아들인 후 여러 대사계(代謝系)에 이용하여, 최종적으로는 유기물의 골격을 만들었던 탄소를 이산화탄소(CO_2=탄산가스)로 바꿔 자연계에 방출한다. 자연계의 유기물은, 그 건조 중량(동물이나 식물을 건조시켜 측정한 무게-역주)의 약 50%가 탄소이므로, 탄소의 순환은 에너지의 흐름과 밀접하게 관련된다.

여기에서 방출된 이산화탄소는, 다시 식물의 광합성(탄산동화작용)에 소비되어, 식물을 길러냄과 동시에 대기 중에 대량의 산소를 방출시키는 순환에 기여하게 된다. 만약, 자연계에 이들 미생물의 분해효소작용이 없었다면, 대기 중의 탄산가스 함량은 몇 년 만에 없어져 버려, 그 탓에 식물은 멸망하고 동시에 동물과 인간도 산소의 제공이 끊겨 같은 운명을 걷게 될 것이다.

한편, 아미노산(일반식 $R \cdot CH \cdot NH_2 \cdot COOH$)처럼 질소화합물에서 유래한 질소성분도, 미생물의 분해발효작용으로 자연계에서 재이용된다. 질소 성분의 함유율은 식물체 중량의 1~15%, 동물체는 20~30%나 되니까, 미생물에 의한 질소 변환도 자연계에 있어서는 더없이 중요하다. 질소화합물의 분해발효에 의해 만들어진 질소 가스나 암모니아의 일부는, 미생물의 균체 밖으로 방출되나, 대부분의 암모니아나 질산태(窒酸態, 질산염 형태의 질산-역주) 및 아미노태 화합물은 토양에 그대로 환원되어, 고등 식물의 질소 공급원으로서 매우 커다란 역할을 하고 있다. 토양 미생물이 다량 생식하고 있는 흙을 특히 '비옥토'라고 하는 것도 이 때문이다.

이처럼 식물은, 토양에서 흡수하는 영양원소 중, 질소를 최대 다량으로 섭취하는데 이것은 식물을 구성하는 성분의 15% 전후가 질소로 이루어졌기 때문이다. 그러므로 토양 중 다량의 질소 존재, 다시 말하면 풍부한 미생물의 생식은, 식물을 적정하게 생육시키는 것으로 연결된다.

그런데 어떤 연구자에 의하면, 5000킬로그램의 밀 생산을 위해서는 120킬로그램이나 질소가 필요하다고 한다. 이 수치로 보면, 지구상의 모든 식물을 무성하게 하기 위해서는, 지금까지 말한 생물 유체의 분해 발효에 의해 생긴 질소화합물만으로는 도저히 꾸려갈 수 없게 된다. 여기서 다시 중요한 역할을 담당하는 것도 미생물의 발효이다. 대기 중의 질소가스를 암모니아로 바꾸는(고정하는) 질소고정균이라고 불리는 특수한 미생물이 그 역할을 담당하게 된다.

이 질소고정균에는, 크게 나눠서 두 그룹이 있다. 그 하나는 콩과 식물의 뿌리에 '근류(根瘤)' 덩어리를 만들고, 그 안에 질소를 고정하여 암모니아를 발효생산한 다음 이것을 식물체에 공급하는

Rhizobium(리조비움)속 같은 세균, 다른 하나는 *Azotobacter*(아조토박터)속처럼 식물과는 직접 공생 관계 없이, 단독으로 흙 속에 생식하면서 질소를 고정하고, 토양을 비옥하게 하는 세균이다. 논밭이 비옥한 것은, 이들 질소고정균의 역할에 의해, 작물의 주요 영양소인 암모니아가 토양에 축적되기 때문이다.

또, 고등식물 중에는, 모처럼 질소고정균이 암모니아를 고정해 주었는데, 이것을 직접적으로 흡수할 수 없는 것도 있다. 그런데 토양미생물 중에는, 그러한 식물의 형편에 딱 맞춰 일해주는 것도 있다. *Nitrosomonas*(니트로소모나스)속은, 질소고정균이 만든 암모니아를 아질산으로, 또 *Nitrobacter*(니트로박터)속은 아질산을 질산염으로 변환, 발효하여, 식물이 보다 흡수하기 쉬운 형태로 해주는 것이다.

토양 미생물은 이 외에 동식물 유해에서 인, 칼슘, 마그네슘, 철, 망간, 동, 칼륨, 유황, 알루미늄, 아연 등 미네랄을 유리(遊離)해서 토양으로 환원한다. 그것을 생물체에 다시 이용하게 하는 중요한 역할도 분해 발효를 통해 일어난다.

인간이 오늘날 사용하고 있는 에너지 자원 중, 44.5%의 점유를 자랑하는 원유나, 26.8%의 석유, 19.3%의 천연가스 등도, 거슬러 올라가면 모두 먼 옛날 미생물에 의한 생물체의 분해 효소로 인해 생긴 것이라는 사실을 잊어서는 안 된다.

현재의 석유가 만들어진 원인은 학설에 의하면, 3~2억 년 전, 비교적 얕은 바다 밑에 여러 가지 생물체(산호충이나 해조류 등)의 군생지가 있었고, 거기에 지각 변동에 의해 우선 토사 등이 퇴적했다. 그 생물체의 유해에 즉시 미생물이 작용하여 유기물의 분해 발효가 시작되고, 거기에 메탄과 지방산 등을 축적시켰다. 어느 날, 다시 지각의 대변동이 일어나고 거기에 사암과 이암이 두껍게 겹쳐져, 생물 유해의 분해물과 미생물을 지하 깊이 눌러버렸다. 그것들 유기체는 산소가 없는 상태에서 더욱 미생물의 분해 발효를 계속 받음과 동시에 지층에서 진흙과 모래의 강한 압력도 받아, 서서히 케로젠(kerogen=유모油母)을 형성한다. 이 케로젠이 더욱 깊이 눌리자, 이번에는 지온(地溫)의 열작용을 받아 분해되어, 기름, 가스, 물을 발생시킨다. 다음으로 그것들은 사암과 이암 안의 틈을 이동하여 부력(비중) 순으로 위로 올라와, 가스, 기름, 물 순으로 각각 트랩(층)을 만들어, 이것이 천연가스 층과 유전이 됐다고 한다.

한편, 석탄은 지금부터 3억 년 정도 전에 생성되었다고 한다. 고생대 석탄기에서 신생대 제3기의 지질 시대에는, 오늘날과는 비교도 되지 않을 정도의 스케일로 육지에는 식물이 우거져 있었다. 그것이 오랫동안, 바람과 폭풍우, 그 외의 자연현상으로 쓰러져, 서로 겹치며 점점 퇴적되었는데, 거기에 여러 가지 미생물이 작용하여 식물체의 유기물이 분해 발효되었다. 그러는 사이에 지각의 변동과 암석의 풍화 등이 일어나, 대량의 토사암석에 묻혔다. 이후 석유의 생성과 마찬가지로, 산소가 없는 땅 속에서 미생물은 발효를 계속하여, 메탄과 에탄 같은 탄화수소, 탄산가스, 물을 만들었다. 그 탄화수소류는, 서서히 탄소 가루를 농축하면서 지압에 의해 굳어져, 이것이 석탄이 되었다.

이처럼 오늘날, 인류 사회에 이 정도의 큰 공헌을 하고 있는 석유와 석탄의 생성에도, 눈으로 볼 수 없는 미세한 생물이 관여하고 있었다니, 미생물의 발효 능력은 참으로 놀랍다.

지구상의 미생물 수

지구상의 생태계를 오늘도 정교하게 순환시키고 있는 토양과 수계(水界), 공기 중의 미생물은, 도대체 어느 정도의 수가 생식하고 있을까. 아마도 지금부터 언급하는 수를 알면, 대부분의 독자는 그 엄청난 수에 기겁할 것이다.

우선 토양 중의 미생물 수부터 말하겠다. 토양에는 산성 토양과 알카리성 토양, 유기질 토양과 광물질 토양, 건조 토양과 습윤 토양, 고온 토양과 저온 토양 등 여러 상태와 성질을 가진 것이 있으므로, 한 마디로 생식 미생물의 수를 비교하는 것은 곤란하다. 그래서 여기서는 비교적 일반적으로 보이는 경작지 토양(밭)을 보기로 하자. 오른쪽 표에 경작지 토양 1그램(건량乾量)에 대한 수를 나타냈는데, 놀랍게도 1그램이라는 엄지손가락 손톱 정도의 양에 일본 인구를 훨씬 넘는, 수억이라는 수의 미생물이 북적대고 있었다.

여기에 나타낸 수 중, 1그램 중에 3억~4억 마리나 생식하고 있는 세균의 수를 기초로 해서, 토양 표층 15센티미터의 토양 1평방미터에 존재하는 미생물의 무게를 환산하면, 실로 480~640그램이나 된다. 또 어떤 토양 학자의 조사에 의하면, 매우 비옥한 논 1그램에는 최대 43억 마리나 되는 세균이 생식하고 있었다고 한다. 이 수는 지구상 인구의 반을 넘는 정도이며, 그 세균도 다양한 종속(種屬)에 달한다. 그중에서도 가장 많았던 미생물은, 산소가 결핍되어도 활발하게 발효활동을 하는 통상의 토양 세균으로, 그 수는 약 3억이었는데, 이것은 오늘날의 미국 인구에 해당한다. 또 사상균과 세균의 중간인 방선균은 약 1억으로 거의 일본 인구에 가깝고, 메탄균은 약 100만에 달한다.

경작지 토양 표층의 미생물 수

(6월의 비옥한 밭의 시료)

미생물군	토양 건량 1g에 대한 수
세균류	3억 ~ 4억
효모류	2000만 ~ 5000만
방선균류	20만 ~ 150만
사상균류	3만 ~ 10만
조류(藻類)	1만 ~ 10만
원생동물	5000 ~ 1만

불과 1그램이라는 약간의 토양 속에, 지구상 다수의 민족이 다양한 양식으로 생활하고 있는 것과 유사한 세계가 있다고 생각하면 참으로 신기하고, 감동조차 느낀다. 이렇게 보면, 우주의 별의 수가 무한한 것과 같이, 지구상의 미생물의 수도 역시 무한하다는 것을 깨닫는다.

지구상의 수권(水圈)은, 지구 전질량의 0.024%를 점하고 있을 뿐이다. 하지만 그 얼마 안 되는 물은 지표에 모여 있다. 지구 표면은 70%가 물로 덮여 있는데, 그 물은 해수처럼 염분을 포함하고 있는 것, 고온 또는 저온인 것, 수소이온 농도(pH)가 산성인 것이나 알칼리성인 것, 깨끗한 물과 오염된 물, 심해처럼 높은 수압하에 있는 것 등 다양하다.

하지만, 앞에서 말했듯이 미생물 최대의 특징은, 생식 환경에 매우 쉽게 적응한다는 것이기 때문에, 이처럼 여러 가지 수질을 가진 수권에도, 많은 미생물이 생식하고 있다고 생각해도 좋다. 남극과 같은 저온 지역의 염빙저층수(塩氷低層水)에는 1밀리리터 안에 1000~10만 마리의 세균이나 효모가 생육하고 있고, 여기저기 산재한 산성 호수나 늪, 알칼리성 소다 호수나 늪에서도 쉽게 많은 미생물을 분리할 수 있다.

하천도 미생물의 생육장이다. 여기서는 상류와 하류에서 미생물의 수가 다른데, 유기물이 많은 하류 지역에서는 수도 종류도 많아진다. 어느 조사에 의하면 수원지의 깨끗한 물 1밀리리터 중에는, 겨우 15마리밖에 미생물이 없었지만, 거기에서 2킬로미터 떨어진 지점에서 8만 마리, 50킬로미터 지점에서 68만 마리, 160킬로미터 부근의 하구에서는 196만 마리에 달했다고 한다.

대도시 안을 흐르는 오염이 심한 강에서는, 종종 부글부글 가스가 뿜어져 나오는 것이 관찰되는데, 그것은 메탄균에 의한 메탄발효가 일어날 때 방출되는 메탄가스이다. 따라서 그 강 밑에는, 아마도 1밀리리터 중, 수천만~수억 마리의 메탄균이 생식하고 있다는 의미가 된다.

지구 전질량의 불과 0.00009%밖에 없는 공기권(空氣圈). 그 공기는 용량비(체적 백분율)로 환산하면 78%의 질소, 21%의 산소, 0.9%의 아르곤, 0.03%의 이산화탄소, 더 나아가 극소량의 헬륨, 네온, 크립톤, 크세논 같은 기체로 구성되어 있고, 이에 수증기와 유기질 또는 무기질인 먼지가 더해져 성립된다. 바람과 온도에 의해 변화하기 때문에, 공기 중의 미생물의 생식 수는 같지 않은데, *Cladosporium*(클라도스포리움)속과 *Alternaria*(알터나리아)속, *Bacillus*(바실러스)속, *Micrococcus*(마이크로코쿠스)속 등은 4킬로미터 상공에서 1평방미터 중에 10~500마리의 농도로 검출되고 있다.

우리들이 생활하고 있는 주위의 공기 중에도, 다수의 미생물이 생식한다는 사실은 이미 말했는데, 그 외에 식물의 잎과 가지, 껍질 등의 표면상에도, 수액 같은 유기물이 많기 때문에 미생물이 많이 모여 있다. 또 꽃의 꿀에도 발효성 효모가 많고, 이것들 미생물은 바람에 의한 운반 외에, 곤충에 의해서도 널리 퍼져 수를 늘려간다.

어느 보고에 의하면, 열대수림 상록식물의 수액이 많은 잎 1평방센티미터에는, 효모를 주체로 미생물이 1000만 마리나 생육하고 있었다고 한다. 우리들이 직접 생활하고 있는 실내에는, 공기 1평방미터당 수백 마리의 미생물이 있고, 쓰레기 처리장이나 도살장 건물 내의 공기 중에는 단번에 수십만 마리로 늘어나는 경우도 있다.

인간의 두피나 피부에도, 미생물의 좋은 생육장이다. 특히 겨드랑이처럼 눅눅한 피부, 구강 내, 치관, 항문 부근, 음부 부근, 콧물 같은 곳에서는 놀랄 정도로 많은 미생물이 분리된다. 땀이 많이 나는 몇 명을 샘플로 삼아, 한여름에 목욕탕에 들어가기 전, 겨드랑이에서 미생물을 분리하는 실험에서는 *Sarcina*(인체에 기생하는 무해한 박테리아-역주)속이 1평방센티미터당 1만~10만 개 검출됐다고 한다.

지금, 여기에 익어서 달고 맛있는 포도가 있다고 하자. 이것을 껍질째 으깨 용기에 넣어 뚜껑을 덮어두면, 15시간 정도 후에 부글부글 탄산가스를 뿜으며 알코올 발효가 시작된다. 그것은 포도 껍질에 부착되어 있거나, 공기 중에 부유하고 있던 발효력이 강한 효모가 침입하여 일으킨 발효현상이다.

발효 직전, 이 포도껍질에는 1그램 중에 약 10만 마리 정도의 효모가 있었는데, 발효가 일어난 후 24시간째에는 4000만 마리(약 400배), 그리고 48시간째에는 2억 마리(약 2000배)로 늘어난다. 미생물은 적당한 환경하에 놓일 때, 단번에 그 수를 천문학적으로 늘려간다는 사실을 이 포도주 발효의 예를 통해 이해했을 것이다.

자연계에 있어서 미생물을 중심으로 한 물질 순환 발효, 즉 이 포도주 발효와 같은 세계는 바로 지금 이 순간에도 지구상 곳곳에서 펼쳐지고 있다.

제2장
미생물과 발효의 발견

미생물의 발견

지구에게도 인류에게도 꼭 필요한 미생물을, 인간이 처음 발견한 것은 1674년의 일이다. 앞에서 말한 35억 년 전의 미생물의 탄생을 1월 1일로 하여 지구 달력에 적용시키면, 미생물의 발견은 12월 31일 오후 11시 50분경이 된다. 실은 35억 년 동안, 이 미세하고 위대한 생물은 다른 어떤 생물에게도 알려지지 않고, 지구와 자연계의 유지를 위해 부지런히 일해왔다.

이 현미경적 생물의 존재를 명확히 한 것은, 네덜란드 사람 안톤 반 레벤후크(Antonie van Leeuwenhoek, 1632~1723)였다. 그는 네덜란드 서부 남홀란트주, 델프트에서 태어났는데, 정규 학력도 없이 태어난 고향에서 포목점을 경영하기도 하고, 시의 하급관리로 일하기도 하면서, 빈 시간을 이용해 다양한 과학연구에 착수했다. 그 중에서도, 독특한 구조를 가진 단렌즈 현미경 제작에 이상할 정도의 집념을 불태워 결국 오른쪽 그림과 같은 유니크한 현미경을 발명하기에 이르렀다.

이 현미경은 그때까지의 확대경인 돋보기와는 전혀 다른 복잡한 구조였는데 구상 렌즈(a)는 2장의 금속판 사이에 고정되어 있다. 관찰자는, 관찰하려는 시료를 바늘처럼 뾰족한 (b)의 끝에 놓고, (c)와 (d)를 회전시키면서 초점을 맞춘 후 (a)렌즈에 눈을 밀착시켜 관찰한다. 확대율은 (a)의 렌즈를 교환하며 조절했는데, 이 현미경은 대체로 50배에서 300배의 확대율로 명료한 상을 파악하는 정밀도가 높은 것이었다. 50배라면 사상균(곰팡이)의 포자는 잘 보

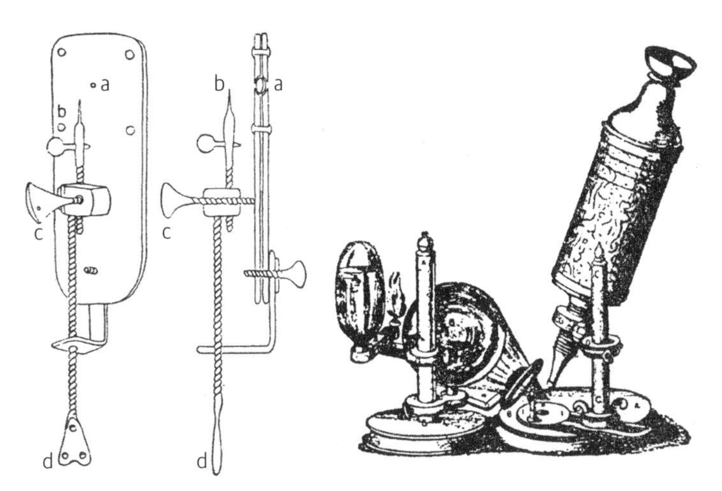

초기의 현미경. 왼쪽이 레벤후크가 고안한 최초 현미경의 원리(C.E Dobell, Antonie van Leeuwenhoek and His Little Animals, 1932에서). 오른쪽은 이것을 바탕으로 개량한 같은 레벤후크의 현미경(『과학문화사 연표』에서).

이고, 300배라면 5미크론(1미크론은 1000분의 1밀리미터) 정도 되는 효모의 형태 등도 쉽게 관찰할 수 있다.

레벤후크는 이 타입의 현미경을 수백 개나 만들어, 손이 닿는 자연계의 많은 것을 극명하게 관찰했다. 그의 자연과학 역사상 위대한 업적은 실은 이 현미경의 발명보다도, 그것을 사용하여 다양한 것을 발견한 그 관찰력에 있었다, 라고 하는 편이 맞다. 원생동물, 세균, 효모, 곰팡이, 담수성 조류 같은 미생물의 발견(1673년), 횡문근(橫紋筋, 가로무늬를 가진 모든 근육-역주)의 미세구조(1683년) 등, 계속해서 현미경의 세계를 세상에 알렸다.

그가 현미경으로 관찰을 시작한 바로 그 무렵, 과학의 연구 과제를 수집하여 알릴 목적으로 영국에 왕립협회(Royal Society)가 창설되었는데, 이것은 레벤후크에게 그야말로 절호의 기회가 되었다. 그는 그 협회에, 발견한 자연계의 사실을 매월 보내, 사람들에게 커다란 충격을 주었다. 왕립협회도 그를 정회원으로 받아들였다. 즉시 그의 업적은 협회의 기관지 거의 매호에 실리게 되어, 결국에는 러시아의 황제 표트르 1세와 영국의 제임스 2세라는 당시 유럽의 저명한 사람들까지도, 그의 현미경을 들여다보러 네덜란드의 델프트로 모여들 정도였다.

이렇게 그는, 이후 사망하는 1723년까지의 50년간, 왕립협회에 끊임없이 신발견을 편지 형식으로 보냈다. 미생물이라는 위대한 발견 외에, 우리들이 잊어서는 안 되는 것 중에 정자의 발견(1677년)과 적혈구의 발견(1682년) 같은 중요한 것도 있다.

레벤후크는 또한 미생물의 세계는 실은 변화무쌍하고 그 수가 많은 것에 큰 관심을 가졌다. 그는 그것을 다음과 같은 문장으로 써서 남겼다.

> 우리 집에 몇 명의 숙녀가 와서, 식초 안의 작은 장어(식초장어란, 식초 안에 자주 가늘고 긴 미생물이 번식하여, 장어처럼 움직이는 현상을 말한다)를 현미경으로 보고 싶다고 간청한다. 그중 몇 명은 그 장어를 보고 매우 불쾌해하며 다시는 식초를 먹지 않겠다고 맹세한다. 하지만, 이러한 사람들에게 사람의 입안 이에 붙어 있는

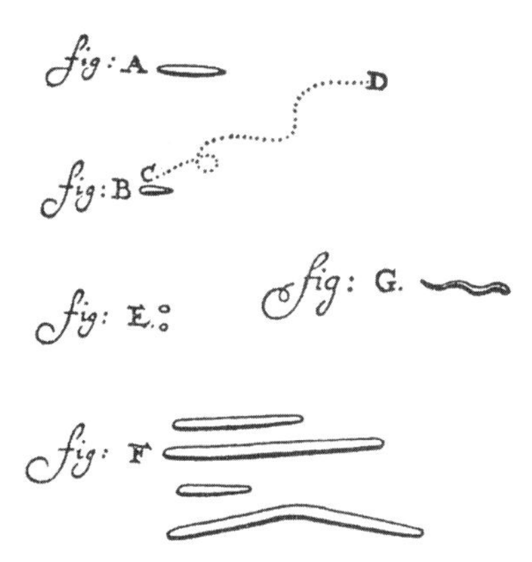

레벤후크가 스케치한 사람의 구강 내 미생물. 그는 숙녀들에게 '당신들 이 주위에, 이와 같은 미생물이 전세계 인구보다 많이 산다고 말하면 무슨 일이 일어날까'라고 놀린다 (C.E Dobell, Antonie van Leeuwenhoek and His Little Animals에서).

찌꺼기 안에 전세계 인구보다 많은 작은 동물이 살고 있다고 말하면, 무슨 일이 일어날까.

미생물의 발생을 둘러싼 두 개의 설

레벤후크에 의해 미생물의 존재가 분명해졌는데, 그 일을 계기로 과학자들은 다른 문제에 흥미를 갖기 시작했다. 즉 그 미세한 생물들은 대체, 어떻게 발생하는가, 라는 점이었다. 여러 논의가 전개되었고, 결국 이 발생설에 대해 두 개의 대립된 학파가 탄생하게 되었다.

그중 한 파는, 그러한 생물은 무생물에서 자연적으로 생긴 것이라는, 예로부터의 신앙의 영향을 많이 받았는데, 예전의 아리스토텔레스조차 토끼의 자연발생을 인정했다는 계열이다. 이 사고방식을 '자연발생설'(spontaneous generation 또는 abiogenesis)이라고 해서, 부모 없이도 생물이 생긴다는 개념을 가진 것이다.

여기에 대해, 레벤후크도 속하는 또 하나의 학파는, 공기 중에 씨 또는 알 같은 부모가 있고 그것이 근원이 되어 발생한다는 '유친발생설(有親發生說)'(tokogonie) 또는 '생물발생설'(biogenesis)을 취했다.

이 설의 유래는 이탈리아의 의사 레디(Francesco Redi, 1629~1697)가 1675년에 한 실험—두 개의 용기 안에 소고기를 넣어 두고, 한쪽은 뚜껑을 덮지 않고 파리가 자유롭게 와서 알을 낳을 상태로 두고, 다른 쪽은 뚜껑을 덮어 파리가 와도 소고기와는 접촉할 수 없도록 해둔 실험이다. 파리가 고기에 알을 낳지 못하도록 하면 결코 구더기는 발생하지 않는다는 것을 증명했다—에서 시작했다.

이로 인해 그는, 구더기는 소고기에서 자연발생한다는 거시적 생물 자연발생설을 부정했는데, 마침 그 타이밍이 레벤후크가 현미경을 발명하여 미생물의 존재를 분명히 한 것과 거의 같은 시기였기 때문에, 당시 미생물의 발생에 관한 생각에도, 자연발생설은 그 기반을 상실했다고 봐도 좋다. 하지만 미생물이 유친발생한다는 증명에 대해서는, 레디가 행한 구더기 발생 실험처럼 눈에 보이는 조건하에서 행할 수 없다는 핸디캡이 있어, 그 증명법은 기술적으로 매우 어려웠다 그 때문에 자연 발생을 제창하는 일파는 자신을 가지고 미세한 생명체의 발생은 자연 발생에 의한 것이라는 생각을 굽히지 않았다.

이렇게 미생물 발생에 관한 이 둘의, 전혀 다른 설의 논쟁은, 19세기 중반까지도 계속되었다. 그동안 자연발생설 일파는 다양한 유기물 침투액에 자연스럽고도 신비하게 발생하는 미세한 생물과 발효현상을 바라보며, 자신들의 설을 계속 확신했다. 그중에도, 영국 사제이자 박물학자인 니담(John Turbervill Needham, 1713~1781)은, 펄펄 끓인 육즙을 그대로 두면 다시 미생물이 생긴다는 사실을 들며, 자연발생설을 더욱 강하게 주장했다.

여기에 대해서, 맹렬하게 반론한 사람이 이탈리아의 자연과학자이자 박물학자인 스팔란차니(Lazzaro Spallanzani, 1729~1799)다. 그는 니담의 실험법과 생각에 의문이 너무 많았기에, 미생물의 발생을 논하기 이전의 문제라고 이것을 일축했다. 펄펄 끓인 후 그대로 두면, 공기 중에 있는 미생물의 모체가 들어가 미생물이 발생하고, 또 비록 펄펄 끓였다고 해도, 그 온도를 견뎌 살아남은 모체도 있을 것이라는 것이 그의 주장이었다.

사실 스팔란차니의 실험은 매우 논리 정연했다. 그는 1767년, 몹시 부패하기 쉬운 동물성과 식물성 침출액이라도, 공기 중에서 침입하는 미생물과 접촉하지 않는 한, 부패도 발효도 하지 않는다는 것을 증명하기 위해, 용접 밀폐법으로 실험했다. 즉, 침출액에서 영구히 생명체가 발생하지 않도록, 용접 밀폐한 용기에 침출액을 넣고, 가열하여 끓인 후 즉시 밀폐한 다음, 수 년 후에 개봉하여 미생물이 발생하지 않았다는 사실을 증명한 것이다. 이 실험은 나

중에 프랑스의 요리사 니콜라 아페르(nicolas appert, ?~1841)가 보존 식품인 통조림을 발명(1795년)하는 데 힌트가 된 실험이다.

덧붙여 이 스팔란차니라는 대과학자를 조금 소개하자면, 이탈리아 파비아 대학 자연과학 교수 시절, 그는 실로 다양한 실험으로 많은 실적을 올렸다. 그 주요한 업적에는, 적충류(원생동물의 일종)의 자연발생을 부정하고, 또 양서류, 누에, 개를 이용하여 인류 최초의 인공수정에 성공(1780년)하여, 동물의 발생에는 난자가 정액을 접촉할 필요가 있다는 사실을 증명하고, 더 나아가 도마뱀과 달팽이 등의 재생과 그 조건을 분명히 했다. 또 이와 같은 발생의 연구와는 별도로, 심장의 작용과 순환 기구, 소화에 있어서 위액의 역할, 피부 호흡 등을 해명하여, 그 업적은 오늘날까지 칭송되고 있다.

19세기에 들어서자, 생물학계는 아직 완전히 소멸하지 않은 자연발생설파와, 기세를 탄 유친발생설파가 논쟁하는 가운데, 다윈의 '진화론', 관념론과 유물론으로부터의 생명발생설을 둘러싼 논쟁 등이 새로운 중요문제로 등장하여 크게 활기를 띠었다. 하지만 결국, 니담과 스팔란차니의 논쟁으로 대표되는 미생물 발생의 문제는, 프랑스의 위대한 화학자이자 미생물학자인 파스퇴르(Louis Pasteur, 1822~1895)의 실험에 의해 종지부를 찍었다.

파스퇴르는 처음에 화학을 전공하여 32세의 젊은 나이에 릴레 대학교 이학부장에 취임, 그 후 소르본느 대학교수가 되어 미생물학 연구에 힘을 쏟았다. 그는 거기서 독자적으로 실험을 진행해,

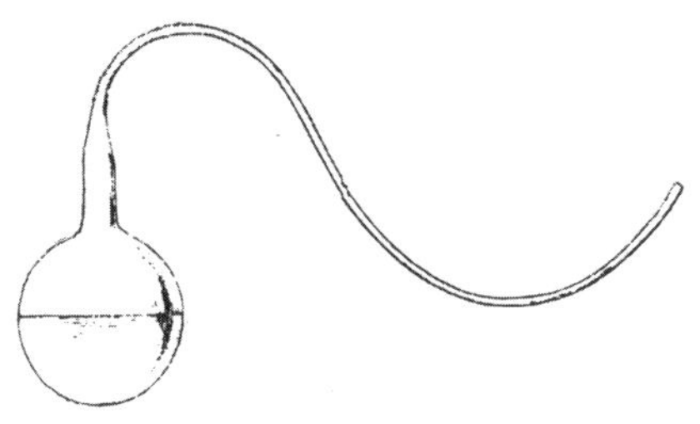

파스퇴르가 고안한 '백조 목 플라스크'

그 연구를 통해 자연발생설을 부정하고, 생물발생설을 주장했다. 우연히 과학 아카데미의 현상과제에 응하여 '공기 중에 존재하는 유기체에 관한 기록'(1861~1862)을 발표했다. 이 실험이 결정적인 증거가 되어 자연발생설의 주장을 깨게 되는데, 이 증명실험에 사용한 것이, 그 유명한 '백조 목 플라스크'이다.

실험은 우선, 공기 중에 생명을 가진 유기체가 존재하는 것을 증명하기 위해, 여재(濾材, 여과할 때 고체를 분리하는 데 쓰는 다공질의 재료. 흔히 작은 구멍이 많이 뚫려 있는 헝겊이나 종이, 금속 망, 모래, 숯 따위가 쓰인다-역주)에 솜을 채운 관에 대량의 공기를 넣고, 고농도의 유기체를 모았다. 다음으로 그는 이 솜에서 유기체를 용출하여 그것을 현미경으로 조사하니, 거기에 보인 것은 그때까지 관찰했던 미생물과 전혀 구별되지 않는 같은 것이었다. 다음으로 파스퇴르는 신선한 고기와 야채의 용출액을 밀폐용기에 넣고, 이것을 펄펄 끓인 후 냉각한 것에, 불로 뜨겁게 한 공기를 보내도 미생물이 생육하지 않는 것을 확인했다. 그리고 그는 미생물이 살지 않은 용출액에 조금 전에 모은 솜의 유기체를 더하자, 이번에는 밀폐된 용기 안에서 미생물이 생육하는 것을 확인했다. 즉 이 실험에 의해, 미생물의 '모체' 또는 '씨'는 공기 중에서 온다는 것을 흔들리지 않은 사실로 만들었다.

그는 더 나아가 이 현상을 설득력 있는 것으로 만들기 위해, 대단히 유니크한 장치를 고안하여 실험했다. 그것은 앞쪽의 그림과 같은 기묘한 플라스크로, 그 형태로 인해 '백조 목 플라스크'라고 이름 붙여졌다. 이 플라스크는 입구를 길게 늘여, 공중에 부유하는 '씨'가 그 관을 통과하여 안으로 들어가지 못하도록 구부러져 있다. 즉 이 플라스크에 고기국물 침출액을 넣고 나서 펄펄 끓이고, 공기의 이동이 별로 없는 방에 방치하자, 침출액과 공기는 관에 의해 접촉하고 있음에도, 공기 중의 먼지나 미생물은 긴 S자 모양의 목 부분에 침적한다. 즉 미생물은 먹이가 있는 곳까지 갈 수 없었기(바람이나 곤충 등 다양한 매체에 의해 확산한다) 때문에, 고기국물까지 도달하지 못하여, 생육은 전혀 일어나지 않은 것이다. 이 길게 늘어난 S자 모양의 목을 자르면, 침출액은 즉시 미생물로 충만하게 된다.

이 실험보고의 맺음말에 파스퇴르는 'Omne vivum e vivo'(모든 생물은 생물에서 발생한다)라고 하는, 짧고 유명한 말을 더해 그때까지의 긴 논쟁에 종지부를 찍었다.

이 천재 파스퇴르가 인류를 위해 남긴 업적은 너무도 엄청난 수에 달하는데, 그 많은 업적은, 그가 1868년 뇌졸중으로 쓰러져, 기적적으로 회복한 후에 이룬 것이라는 사실을 생각하면 경탄스럽다. 그 주요한 것은 후술할 알코올 발효 현상의 해명, 유산 발효의 발견, 여러 유전병의 발견과 그 연구 등이다. 그중에서도 닭 콜레라와 초식성 가축의 탄저병 예방을 위해, 백신 요법을 연구하여, 그것을 기본으로 광견병에 걸린 소년에게 처음으로 백신치료를 하여 백신 면역법을 인류를 위해 확립시킨 것은 대서특필할 만하다.

이 백신 면역법의 성공은 인류 사회에 커다란 공헌을 하여, 그것을 계기로 파스퇴르 연구소가 설립되어, 그는 1888년부터 1895년까지 이 연구소의 소장을 맡았다. 이 연구소에서는 지금도 바이러스성 질환의 암이나 에이즈 같은 현대의 여러 난치병 치료를 위해 기본적 연구를 정력적으로 하고 있어, 인류의 장래에 있어서도 커다란 공헌을 할 중요한 연구기관이다.

파스퇴르보다 약간 늦게, 미생물 관련한 독일의 또 한 명의 거성, 코흐(Robert Koch, 1843~1910)가 나타난다. 그는 처음, 작은 시골 마을의 의사에 지나지 않았는데, 1876년에 탄저병에 걸린 동물에게서 그 병원균을 순수하게 분리하여 단번에 명성이 퍼졌다. 그 파스퇴르조차 공기 중에 존재하는 미생물을 순수하게 분리하지 못했는데, 그는 젤라틴과 우무로 고체 배지를 만들어, 그것을 평평한 용기에 넣고 독자적으로 개발한 '코흐의 압력솥'에서 멸균하여 무균의 배지로 만든 후, 이 배지를 식히고 고체화하여, 거기에 미생물을 함유한 시료를 발라, 순수하게 미생물을 분리하는 데 성공한 것이다.

한센. 1886년 효모의 순수배양법을 확립하여, 당시 맥주의 품질을 비약적으로 높였다. 실험대 위에 파스퇴르의 '백조 목 플라스크'가 보이는 귀중한 사진이다(도쿄농업대학 양조 박물관 소장).

이 방법은 오늘날에도, 미생물을 연구할 때 가장 빈번하게 이용되는 수법이다. 이 순수분리의 확립에 의해 그는 코흐 학파의 중심이 되어, 더욱 여러 업적을 쌓았다. 콜레라균과 결핵균의 발견도 그의 연구이다. 또 이 순수분리법을 사용하여, 그의 일파의 많은 연구자들이 티푸스균(Gaffky, 1884년)과 폐렴균(Frenkel, 1886년) 등을 분리했다. 코흐 학파의 한 사람으로 코흐 밑에서 유학한 기타사토 시바사부로(北里柴三郎)도 파상풍균(1889년)과 페스트균(1894년)을 발견했다.

같은 시기에, 양조 발효 분야에서는 덴마크의 한센(Emil C. Hansen, 1842~1909)이 맥주 효모의 순수분리에 성공했다(1883년). 당시의 맥주 양조는 오늘날처럼 배양한 순수 효모를 첨가하는 것이 아니라, 공기 중에 부유하는 효모의 낙하를 기다려 자연적으로 발효시키는, 한가로운 것이었다. 따라서 완성된 맥주는 만들 때마다 맛과 향이 다른 데다가 발효에 있어서 유해한 맥주 효모 이외의 미생물이 자주 침입했기 때문에, 오늘날처럼 질이 좋은 맥주에는 도저히 미치지 못했다.

하지만 한센에 의해 맥주 효모가 분리되자, 이번에는 효모를 배양하여 첨가하는 방법을 취해 획기적인 품질의 향상을 꾀했다. 그 후, 와인과 브랜디, 위스키, 진, 보드카, 일본주 등 세계에 점재하는 명주의 양조에도 이 방법이 도입되어, 주류의 품질이 세계각지에서 안정, 향상되었다.

한센의 맥주 효모 순수분리법은 '한센의 희석법'이라고 불렸는데, 그 후 1893년에 '점적 배양법'이라는 간편한 방법으로 순수분리법이 행해지고, 발효미생물의 분리와 응용이 더욱 개발되었다. 이 방법은 가열 멸균한 시계접시에 맥아즙을 소량 넣고, 여기에 약간의 효모를 더해 잘 저은 후 제도용 소형 펜 끝에 묻혀, 커버 유리 위에 여러 개의 작은 점을 찍고 현미경으로 한 방울 안에 단 1개의 효모가 자란 것을 찾아, 그것을 꺼내는 것이다.

발효를 둘러싼 두 개의 설

한편, 파스퇴르는 미생물의 발생은 미생물에 의한 것이라는 사실을 확증했는데, 독일의 슈반(Theodor Schwann, 1810~1882)은, 알코올 발효는 효모라는 미생물에 의해 일어난다고 주장했다. 이 주장에는 파스퇴르도 이의는 없었다. 그는 알코올 발효뿐만 아니라 유산 발효, 초산 발효, 낙산 발효 등도 각각 유산균, 초산균, 낙산균에 의해 일어난다는 사실을 발견하고 생물학적 발효설을 깊이 확신했다.

그런데 그 무렵, 독일의 저명한 유기화학자 리비히(Justus von Liebig, 1803~1873)는, '알코올 발효는 분자의 진동이 당에 전달되면, 당이 분해되어 알코올이 생긴다'라고 하고, 발효작용은 원자의 기계적 운동의 전달에 의해 일어난다고 하며, '생물학적 발효'에 대해서 '화학적 발효설'을 주장했다. 이 설에 대해서 슈반이나 파스퇴르는 맹렬히 반대하여, 두 설은 날카롭게 대립했다. 하지만 파스퇴르는 원통하게도 이 논쟁 중 병사한다. 하지만 결과적으로 이 대립은 독일의 생화학자 부흐너(Eduard Buchner, 1860~1917)에 의해 결착이 지어졌다.

파스퇴르 사후 2년 정도 지난 1897년, 실험실에서 부흐너는 효모균체에서 약리작용을 가진 물질을 추출할 목적으로 막자사발(시료를 막자로 갈아서 가루로 만드는 절구 모양의 작은 사기그릇)에 모래와 효모를 넣고, 막자로 빻고 있었다. 이로 인해, 효모의 균체는 완전히 부서져, 세포 내 내용물이 밖으로 흘러나와 효모는 완전히 사멸한다.

그는 그 날의 작업은 여기까지로 하고 보존할 목적으로 다량의 당을 첨가한 다음(당이 많으면 삼투압의 작용으로 미생물이 생육하지 못하여, 보존이 가능하다), 다른 실험에 착수했다.

그런데 다음 날, 부흐너는 연구실에 와서, 자신의 눈을 의심할 정도로 놀랐다. 어제 생명을 잃었다고 여겼던 효모 유출액에서 활발하게 탄산가스가 뿜어져 나오며 알코올 발효를 하고 있는 것이었다.

'생명 없는 무세포에서도 알코올 발효가 일어난다. 그렇다는 건 생명 그 자체가 없더라도 발효는 일어난다. 이거 대단하군' 하며 그는 잠시 그 현상을 지켜보며 놀랐다.

이 발견은 그야말로 우연이었다. 부흐너는 즉시 이 현상을 해명하기 위해 나섰다. 그 결과, 효모의 세포 내에서 용출된 단백질의 일종이 알코올 발효를 일으킨다, 즉 화학적 촉매에 기인한다는 사실을 밝혀냈다. 부흐너는 이 물질이 효소(생체 내에서 여러 화학 반응을 유도하여, 그 반응을 진행시키는 단백질)라는 사실을 확인하고, 이 알코올 발효에 관계된 일련의 효소를 치마아제(zymase)라고 이름 붙였다. 10종 이상의 효소와 수종의 보조적 효소로 이루어진, 복잡한 구성의 효소이다.

효소는 이미 1833년에 파옌(Anselme Payen, 1795~1871), 페르소(Jean Francois Persoz, 1805~1862)에 의해, 소화효소 디아스타아제와 맥아 안의 아밀라아제의 발견으로 알려졌다. 또, 효소작용의 메커니즘은 에밀 피셔(Emil Fischer, 1852~1919)가 분명히 했기 때문에,

알코올 발효가 생화학적 촉매반응에 의해 일어난다는 사실을 우연히 발견한 부흐너에게, 그것이 효모의 균체에서 유래한 효소에 의해 일어난다는 사실을 증명하는 것은 그렇게 시간이 걸리는 문제는 아니었다.

역사적 발견과 위대한 업적을 남긴 인물에게는, 이처럼 우연한 발견이라는 행운이 가끔 생기기도 한다. 부흐너는 이 무세포 알코올 발효의 업적으로 1907년 노벨화학상을 받았다.

제3장
발효기술의 진보

현대적 발효의 정의

파스퇴르나 코흐, 그리고 부흐너 시대에 미생물학과 효소학의 기초가 확립되고 나서, 겨우 100년을 경과했을 뿐이다. 하지만, 이 기간의 미생물학 진보는, 실로 놀랄 만한 것이었다. 균체 내에서 여러 가지 효소가 발견되고, 바이러스 같은 통상의 미생물보다 더욱 미세한 생명체가 발견되고, 항생물질과 비타민, 호르몬처럼 인류에게 그야말로 복음이라고 할 정도의 꿈 같은 물질까지 발효에 의해 생산하게 되자, 인류가 자유자재로 유용미생물을 조종하는 시대가 되었다.

그리고 지금, '발효'의 의미를 다시 정리해봤을 때, 120년 전에 파스퇴르가 '발효란 미생물의 무산소 상태하에서의 호흡작용에 따른 에너지 획득 수단'이라고 했고, 90년 전에 부흐너가 '발효는 미생물에 의해 만들어진 효소라는 화학물질이 일으키는 촉매반응'이라고 했는데 이런 기본적인 생각에 광범위한 정의를 더하지 않으면, 이제는 현대적 발효의 설명을 하기 어려운 상황에 이르렀다.

즉 파스퇴르와 부흐너 당시는, 알코올 발효와 유산 발효, 초산 발효 등, 전통적인 발효만 있었는데, 그 후 사과산 발효, 글루콘산 발효 같은 유기산 발효와, 아미노산과 핵산 같은 정미물질(呈味物質, 물이나 침에 녹아 맛을 느끼게 하는 물질-역주)의 발효생산, 비타민류나 스테로이드 및 알칼로이드, 호르몬 같은 생리활성물질의 발효생산, 항생물질과 항암제 같은 의약품의 발효 제조, 다양한 주류나 발효식품의 제조, 그리고 미생물 균체로부터의 단백질 생산, 더 나아가서는 균체로부터의 효소 생산 등, 실로 복잡다단한 여러 가지 발효로 발전해왔기 때문이다.

지금까지 소개한 발효의 정의 중에는 '무산소 상태하에서 일어나는 유기물의 분해'를 특히 강조했다. 하지만 오늘날의 발효를 보면 이 정의에 들어맞지 않는 발효가 대단히 많아졌다.

예를 들면, 무산소 상태에서 일어난 전형적인 발효는 알코올 발효, 유산 발효, 낙산 발효, 아세톤부타놀 발효 등인데, 검은누룩곰팡이의 구연산 발효, 거미집곰팡이의 푸마르산 발효, 세균에 의한 글구타민산 발효와 각종 아미노산 발효 등은 거꾸로 산소가 필요한 발효이다. 따라서 후자의 경우는, 산소를 필요로 한다는 점에서 지금까지의 발효의 정의에 맞지 않지만, 인간에게 대량의 유용물질이 생산되는 점에서 오늘날에는 이것을 발효의 영역에 넣는다. 또 비타민과 항생물질, 스테로이드화합물 등의 발효생산에서도, 역시 산소 존재하에서 생산이 이루어지고, 또 유용물질은 미량밖에 생산되지 않아 2차 생산물질에 머물러 있는데, 이러한 경우는 그 생산물질이 인간에게 대단히 가치가 큰 것이기 때문에 발효의 영역에 넣는다.

요컨대, 미생물이 가진 기능을 넓게 물질생산에 응용하여, 인간의 유익에 이용하는 것을 오늘날에는 넓게 발효라고 부른다. 따라서 이미 말했듯이, 미생물의 지구적 역할의 수많은 부분들은 미생물의 기능이 간접적으로 인간에게 유익한 환경을 만들어내는 것으로 볼 수 있다. 비록 그것이 인간의 의식하에서 행해지는 것이 아니더라도, 발효의 영역과 해석을 넓힌 것이다.

이상과 같이, 오늘날의 발효의 정의를 접한 다음, 인간의 예지의 결정이라고 할 수 있는 '발효'가 더듬어온 길을 따라가기로 하자. 또한, 발효라는 광범위한 영역 중에, 자연계에서 보이는 먹이사슬을 동반한 '생물지구화학적 환경'의 발효는 제1장에서 이미 언급했기 때문에, 이하에서는 우리 인간이 미생물을 응용한다는 목적의식하에서 전개해온 다양한 발효에 대해서 얘기하겠다.

발효기술의 제1기

레벤후크가 미생물을 발견한 이래, 스팔란차니와 파스퇴르에 의한 발효현상의 미생물 기원의 증명, 코흐와 한센에 의한 세균과 효모의 순수분리, 부흐너에 의한 알코올 발효 효소(치마아제)의 발견 등, 발효의 세계에 그 기초가 착착 쌓여갔다. 이 기간을 발효기술의 제1기라고 부르기로 하자.

이 제1기의 기술은, 유럽의 와인과 맥주 제조관리 기술에 재빨리 도입되는 등, 그 파급은 상당히 빨랐다. 그 결과, 술은 그 이전처럼 부조(腐造, 양조에 실패하는 것-역주)에 괴로워하거나, 유해균에 오염되거나 하는 일이 크게 감소했는데, 그것은 파스퇴르가 고안한 저온살균법과 한센의 효모 순수분리와 배양효모 첨가기술의 개발 덕분이다.

또 부흐너의 알코올 발효 효소 치마아제의 발견은, 그 후 많은 발효현상 메커니즘 해명에 도움이 되었고 미생물학과 발효학 발전에 크게 기여했다.

발효기술의 제2기

이처럼, 발효기술의 제1기는 그 후의 발효기술 기초 확립을 위한 토대를 만드는 중요한 시기였다. 하지만, 발효가 물질의 대량생산이라는 공업으로서의 양상을 드러낸 것은, 그로부터 반세기 후인 1915년 무렵부터이다. 이 무렵, 유럽의 강대국 사이에서 갑자기 발효공업이 이상할 정도의 진보를 보였는데, 실은 그 발단이 인류에게 그야말로 얄궂은 것이었다. 그것은 인류를 위해 유용해야 할 발효기술이, 인간에게 가장 유해하고 무익한 전쟁이라는 비참한 행위에 이용되기 시작했기 때문이다.

제1차 세계대전 직전부터, 참전국은 화약과 폭약을 만들기 위해 니트로글리세린을 제조했다. 니트로글리세린은 대단히 강력한 파괴력을 가진 폭약으로, 이것이 발명되기 전까지 사용되던 검은 화약보다 실로 7배의 위력을 가진 것이었다. 노벨(Alfred Bernhard Nobel, 1833~1896)은 니트로글리세린이 발명되자 즉시, 이것이 단독으로는 지나치게 위험하기 때문에 규조토와 젤라틴에 흡착시켜, 더욱 확실하게 폭발시키는 뇌관을 발명하여, 다이너마이트 기폭법을 확립한 것은 유명한 이야기다.

니트로글리세린은 발연초산(이산화질소를 다량 함유하고 있는 진한 초산)

과 진한 황산의 혼합액에 글리세린을 넣어 만든다. 당시, 니트로글리세린의 원료가 되는 글리세린은, 각국 모두 천연 유지를 알칼리로 끓여, 가수분해하여 만들었다. 유지는 글리세린과 지방산이 결합하여 만들어진 것이기 때문에, 이것을 가수분해하면 쉽게 글리세린과 비누를 얻을 수 있다. 이 글리세린은 니트로글리세린의 원료가 될 뿐만 아니라 의약품과 도료, 셀로판 등의 원료에도 사용되기 때문에, 군수물질로서 중요한 위치를 점하고 있었다. 하지만 유지는 당시 상당히 가격이 비쌌기 때문에, 각국은 제1차 대전에 들어가기 전부터, 글리세린을 저렴한 가격에 대량으로 생산하는 방법에 대해 다양한 연구를 행하고 있었던 것이다. 하지만 결국 실현되지 않은 채, 유럽 각국은 제1차 대전에 휘말린다. 그리고 대전 중, 독일·오스트리아 측은 점점 글리세린의 공급이 부족해지자, 미생물학자 콘슈타인, 류데크, 노이베르그 등에게 명하여, 글리세린을 미생물에서 발효생산하는 방법을 연구하게 했다.

글리세린은 알코올 발효를 하는 효모에 의해, 발효 시에 약간 생산된다는 사실을, 이미 파스퇴르의 연구로 인해 알고 있었다. 그들은 불철주야 정력적으로 연구한 끝에, 불과 1년 반이라는 이례적으로 짧은 시간 동안, 발효법에 의해 대량으로 글리세린을 생산하는 방법을 확립했다.

그 방법은, 당을 발효시킬 때 거기에 아황산나트륨을 첨가하는 것으로, 독일은 즉시 전국 20군데에 달하는 첨채(사탕무)당 공장 안에 글리세린 발효를 위해 간이 공장을 만들고, 공업적 발효생산을 개시했다. 당시의 기록에 의하면 독일에서는 월 생산 1000톤이나 되는 다이너마이트용 글리세린을 발효에 의해 생산했다고 한다. 당에서 글리세린을 생산한 노이베르그 등의 이론식은 다음과 같다.

$$\underset{\text{당}}{C_6H_{12}O_6} + \underset{\text{아황산나트륨}}{Na_2SO_3} + \underset{\text{물}}{H_2O} \xrightarrow{\text{효모에 의한 발효}} \underset{\text{글리세린}}{\begin{array}{l} CH_2 \cdot OH \\ CH \cdot OH \\ CH_2 \cdot OH \end{array}} + \underset{\text{아세트알데히드 아황산나트륨}}{CH_3CHO \cdot NaHSO_3} + \underset{\text{탄산수소나트륨}}{NaHCO_3}$$

한편, 이 독일의 발효법에 의한 글리세린의 제조와 같은 시기에, 미국에서도 발효에 의해 글리세린을 생산하는 연구를 하고 있었다. 그 결과, 미국은 독일이 개발한 방법과는 달리, 효모에 의해 발효시킬 때 배양액을 알칼리성으로 유지하는 법을 사용했는데, 다음과 같은 발효이론으로 글리세린을 생산하는 데 성공했다.

$$\underset{\text{당}}{2C_6H_{12}O_6} + H_2O \xrightarrow[\text{(알카리성)}]{\text{효모에 의한 발효}} \underset{\text{글리세린}}{2\begin{array}{l} CH_2 \cdot OH \\ CH \cdot OH \\ CH_2 \cdot OH \end{array}} + \underset{\text{초산}}{CH_3 \cdot COOH} + \underset{\text{에틸알코올}}{C_2H_5 \cdot OH} + \underset{\text{이산화탄소}}{2CO_2}$$

또한 제1차 대전 중, 독일이 글리세린의 발효생산에 열중하고 있을 무렵, 이번에는 영국과 미국이 은밀히 발효에 의해 아세톤을 생산하는 연구를 하고 있었다. 아세톤은 니트로셀룰로오스(면화약)를 얻는 데 꼭 필용한 용제이다. 또, 그 니트로셀룰로오스에 장뇌를 더하자, 인류 최초의 합성수지 셀룰로이드가 생긴다. 셀룰로이드는, 사진필름과 무기부품에도 사용되는데, 발효법에 의해 아세톤을 저렴하게 대량으로 만드는 것은, 싸움을 유리하게 전개하는 방법이기도 했던 것이다.

하지만 영국과 미국 양국에서, 발효법에 의해 아세톤 제조법을 완성했을 때, 제1차 대전은 종결을 맞이했다. 하지만 그 종전 직후부터, 미국에서는 자동차공업이 급속하게 번창하여, 그 도료의 용제에 아세톤과 부탄올이 꼭 필요하게 되었다. 그런 까닭으로 미국은, 즉시 그 용제의 제조를 이미 개발하고 있던 발효법을 이용하여 생산하기 시작한 것이다.

영국과 미국이 생각해낸 아세톤 발효법은 세균의 일종인 낙산균으로 하는 것이 특징인데, 당을 원료로 하여 대량의 아세톤을 얻을 때, 부탄올까지 대량으로 생산할 수 있다는 일석이조의 방법이었다.

$$\underset{\text{당}}{3C_6H_{12}O_6} \xrightarrow{\text{낙산균}} \underset{\text{아세톤}}{CH_3 \cdot CO \cdot CH_3} + \underset{\text{부탄올}}{2C_4H_9 \cdot OH} + \underset{\text{이산화탄소}}{7CO_2} + \underset{\text{물}}{H_2O} + \underset{\text{수소}}{4H_2}$$

미국에 이어, 자동차공업 선진국인 영국과 프랑스도 이 아세톤·부탄올 발효를 공업화하고, 생산을 개시했다. 일본에서는, 제1차 대전 직후에 해군이 이 발효에 흥미를 가져, 영국에서 그 발효균인 낙산균의 일종을 가져와 연구했는데, 실제 제조까지는 발전하지 않았다. 그런데 이 연구는 제2차 대전에서 다시 각광을 받게 된다.

제2차 세계대전 말기, 석유자원이 충분치 않던 일본은 마침내 비행기의 원료까지 바닥이 나 버렸다. 그 대용을 일본 특산으로 어떻게든 보충할 수 없을까 하여, 다양한 연구 기관이 지혜를 짜낸 끝에 감자로 비행기를 띄우자 라는 독특한 발상에 도달했다.

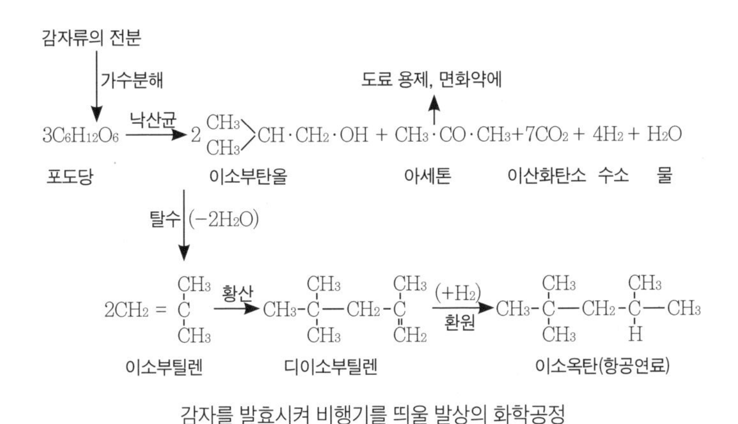

감자를 발효시켜 비행기를 띄울 발상의 화학공정

항공 연료는 이소옥탄으로, 그 제조는 석유 중의 이소부탄을 이소부틸렌으로 알킬화하여 만들거나, 이소부틸렌을 황산, 인산 등을 이용하여 이합체화(두 개의 유사 구조를 가진 단량체가 이합체를 만드는 반응-역주)하여, 생성하는 디이소부틸렌을 수소화하여 제조한다. 그런데 석유가 충분치 않는 일본의 발상은, 고구마나 감자 등 전분이 많은 원료를 무기산이나 누룩균에 의한 아세톤·부탄올 발효시켜 얻은 부탄올을 탈수하여 이소부틸렌으로 만든 후, 축합(縮合, 유기화합물 두 분자 또는 그 이상의 분자가 반응하여 간단한 분자가 제거되면서 새로운 화합물을 만드는 반응-역주), 환원하여 이소옥탄을 얻는다는 것이다.

이 제조 원리에 근거하여, 즉시 일본국내의 감자 산지와 남방 여러 섬의 점령기지 등에서, 아세톤·부탄올 발효를 위해 임시 공장이 건설되기 시작했지만, 이미 늦은 시기로 종전을 맞이하게 되어 이 계획은 거의 도움이 되지 않은 채 끝나 버렸다. 하지만, 이 아세톤·부탄올 발효는 전후에도 여전히 자원이 부족한 일본에서는 귀중한 발효로서 적극적으로 도입되어, 공업적 규모로서 생산도 되었는데, 산유국에서의 원유 수입량이 서서히 많아지자 그와 함께 종식되었다.

인간들끼리 서로 죽인다는, 인류에게 있어서 참으로 보기 흉한 전쟁이라는 행위에는, 그 마성 때문에 때로 인간의 능력을 필요 이상으로 끌어내는 토양을 가지고 있다. '필요는 발명의 어머니'라는 격언과 함께 작용하여, 발효기술은 얄궂게도 전쟁과 인연이 깊은 것이 되어버렸는데, 이것은 뒤집어 말하면, 발효법을 이용하면 상당한 기술적 난제라도 해결 가능성이 있다는 것을 시사했다고 볼 수 있다. 그것을 극적으로 증명한 것이 항생물질의 개발이었다.

항생물질은, 미생물에 의해 만들어진 화학물질로, 다른 미생물의 발육 또는 대사를 저해하는 물질이다. 이중의 미생물을 동일 배지 위에 동시에 배양했을 때, 한쪽 미생물의 증식이 저지당하는

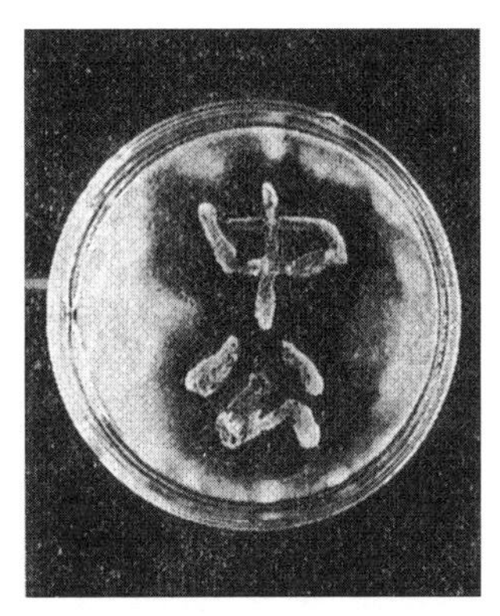

길항작용. 한천을 굳혀서 만든 평평한 배지 중앙에, 항균성 물질을 만드는 미생물을 묻힌 유리막대로 '중공'이라고 써 둔다. 그리고 그 평평한 배지 전체에 유해균을 뿌려 배양하면, 중공균은 유해균의 발육을 허락하지 않고 접근하지 못하게 한다. 즉 중공균은 항생물질을 생산하여 유해균의 생육을 저지하는 것이다.

것을 길항작용(antagonism)이라고 부르는데, 이 현상 그 자체는 이미 틴달(1876년)과 파스퇴르(1877년) 등이 의식하고 있었다고 한다.

1900년대에 들어오면, 이 길항작용은 더 많은 연구자들에 의해 밝혀져, 그중 몇 명은 실제로 이 길항작용을 보이는 물질을 추출했다. 예를 들면 일본의 사이토 겐도(斎藤賢道)는 1907년, 일본의 누룩균이 포도상구균이나 결핵균 등의 세균과 특정 곰팡이의 생육을 저지하는 물질을 만들어낸다는 사실을 밝혀내고 추출하는 데 성공한다. 또 그 물질의 구조는 1912년에 야부타 데이지로(藪田貞治郎)가 결정하여 이것을 누룩산이라고 이름 붙였다.

이러한 길항현상을 가진 물질을, 인간의 질병치료에 임상적으로 응용하려고 한 사람이 영국의 플레밍(Alexander Fleming, 1881~1955)

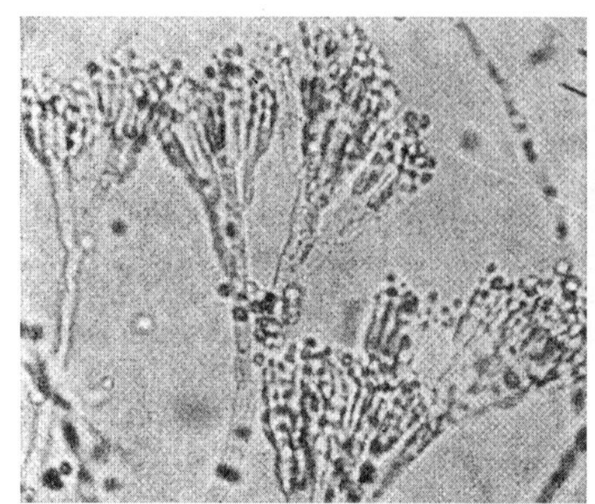

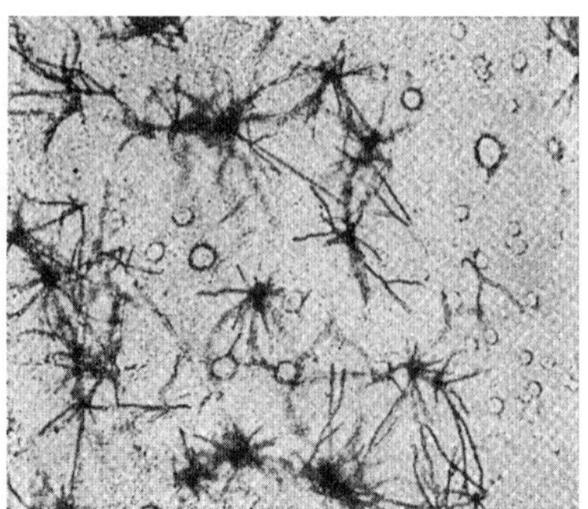

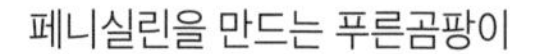

페니실린을 만드는 푸른곰팡이

스트렙토마이신을 만드는 방선균

으로, 1929년의 일이다. 그는 세균 연구 중, 포도상구균이 자란 한천 배지 안에, 공기 중에서 우연히 날아 들어온 푸른곰팡이(Penicillium)가 자라, 그 콜로니(군락) 주위에 어떤 포도상구균이 녹아 투명해지는 것을 발견했다. 그는 이 푸른곰팡이가 세균의 생육을 저지하는 물질을 만든다고 생각해, 이 물질을 푸른곰팡이 학명을 따라 '페니실린'(Penicillin)이라고 이름 붙였다.

플레밍이 페니실린을 발견하고, 게다가 그것이 치료약으로서 매우 유망하다는 것을 알면서도 좀처럼 빛을 보지 못한 것은, 이 물질이 화학적으로 불안정했기에 결정안정화가 곤란했기 때문이다. 하지만 제2차 세계대전 말기인 1940~1941년에 걸쳐, 같은 영국의 플로리와 체인은, 처음으로 안정된 형태의 결정화에 성공했다.

마침 그 무렵부터, 대전은 더욱 격화의 양상을 보이며, 다수의 부상자를 위한 치료약으로, 군부의 강력한 요구도 있어서 영국과 미국은 급거 페니실린을 대량 생산하기로 결단했다. 그리고 1년 동안 공장을 건설하는 한편, 미생물학자와 의학자들이 대량의 발효생산법과 치료법을 연구하여, 결국 그 다음해인 1943년에는 대형 탱크에 의한 '통기 교반 심부 배양법(通氣攪拌深部培養法)'을 확립하고 대량 생산을 시작했다. 거기서 생산된 항생물질은, 극적일 정도로 효과가 있어서, 많은 부상자를 구했다.

일본에서는 종전 직전인 1944년에 연구가 시작됐지만, 다음해에는 종전을 맞아, 치료약으로서의 발효생산은 실현되지 않았다. 하지만, 1948년에 일본에 온 미국의 포스터 박사에 의해 페니실린의 대량 발효생산기술이 도입되고 나서는, 일본 독자적인 항생물질의 빛나는 역사가 시작된다.

대량의 페니실린 발효생산기술은, 단순히 항생물질을 위해서뿐만 아니라, 이후의 발효공업의 발전에 위대한 공헌을 했다. 그중에서도 대량 탱크를 용기로 하여, 무균공기를 공급하면서 발효하는 '통기 교반 심부 배양법'은, 그 후 비약적으로 발전하여 발효공업의 원동력이 되었다. 이상처럼 글리세린의 대량 발효생산법에서 시작되어, 페니실린의 대량 발효생산에 이른, 제1차, 제2차 세계대전 기간은, 대량 배양을 위한 기초를 확립한 중요한 기간으로, 이 기간을 발효기술의 제2기라고 부르기로 한다.

발효기술의 제3기

그 후 1950년대부터 1970년대에 걸친 20년간은, 그때까지의 기초적 연구와 지식이 기반이 되어, 새로운 시점에서의 기초 생물과학으로서, 생화학, 효소학, 미생물 유전학, 세포학 등이 급속하게 발전하고, 또 효소와 대사물질의 새로운 분리법과 분석법 등도 확립되기 시작한 시기이다. 발효공업은 이러한 지식과 기술을 흡수하면서, 더욱 가속화하여 다양화된 결과, 신규 의약품이 발효에 의해 개발되기 시작하고, 술과 조미식품의 발효기술이 더욱 우수해져서, 미생물에서 여러 가지 효소가 추출되고 응용된 결과, 아미노산과 핵산 같은 생화학적 물질까지 발효에 의해 생산되게 되었다. 이 시기를 발효기술의 제3기라고 하자.

이 제3기 개막의 계기가 되고, 또 이 기간을 통해 이후의 발효기술에 커다란 영향을 미친 것으로 대표적인 예가 아미노산 발효인 '생체 제어 발효'이다. 아미노산 발효를 예로 들어 그 발효법을 간단히 설명하자면, 미생물 균체를 구성하는 단백질의 합성에 이용되어야 할 아미노산을, 그 합성경로에서 이탈시켜 균체 밖으로 배설시킨다는, 말하자면 이상대사를 일으켜 이것을 잘 이용한다는 것이다. 이 아미노산 발효가 세계 최초로 일본에서 시작된 배경에는 다음과 같은 사정이 있었다.

아미노산은 생물의 기본이자 인간에게 있어서도 영양학상 매우 중요한 물질인데, 일본의 식생활을 보면 예전부터 소박한 저단백식을 계속해왔다. 전후, 구미에서 근대영양학이 들어오자, 일본인의 식생활이 너무도 전분질에 치우쳐져 있는 것을 깨닫고, 식생활 중에서 단백질과 아미노산의 흡수량을 얼마나 늘리느냐가 당시의 과제 중 하나이기도 했다. 그래서 다양한 일본의 연구기관이 이 중요 문제 해결을 위해 연구를 개시하여, 그 성과가 열매를 맺어 1955년에 발효에 의한 아미노산 제조법이 성공한다.

발효에 의한 최초의 아미노산은 글루탐산인데, 그것을 다량으로 생성하는 세균으로서, *Corynebacterium glutamicum*(코리네박테리움 글루타미컴)과 *Brevibacterium lactofermentum*(브레비박테리움 락토페르멘툼)이 분리되어 응용되었다. 이것을 기회로, 아미노산 발효는 이후, 엄청난 기세로 발전하여, 마침내 오늘날에는 천연 단백질을 합성하는 모든 아미노산이 발효법으로 공업생산화되었다. 그 현상에 대해서는 제6장에서 설명하겠다.

유기산의 발효도, 이 제3기에 들어와 지금까지의 양상이 완전히 바뀌었다. 유산 발효와 초산 발효와 같은 고전적인 발효에서, 이타콘산, 말론산, 케토구론산, 글리콜산 등, 여러 가지 유기산이 새롭게 발효생산되어, 그러한 유기산은 더욱 다양한 화학제품의 원료로 공급되는 형태를 취하기 시작하면서 발전해갔다. 오늘날에는 약 65종의 유기산이 발효법에 의해 제조할 수 있게 되었고, 그 중에서 30종의 유기산이 공업적으로 발효생산되고 있다.

이 제3기 발효기술의 발전을 위한 커다란 원동력이 된 '생체제어발효'는 아미노산의 생산뿐 아니라 비타민과 스테로이드호르몬, 식물생장기능 조절물질(식물호르몬) 등, 중요한 의약품과 생리활성

물질의 발효까지 가능하게 했다. 이 제3기, 이미 비타민B2(리보플라빈)의 발효생산이 시작되고, 비타민C의 발효가 행해지고, 또 1949년에는 헨치에 의해 부신피질호르몬의 일종인 코르티손이, 1952년에 피터슨과 머레이가 거미줄곰팡이(Rhizopus)를 이용하여 프로게스테론(황체호르몬)의 발효생산을 가능하게 했다. 또 식물생장 호르몬인 지베렐린이 *Gibberella fujikuroi*(지베렐라 푸지쿠로이)로, 더 나아가 *Helminthosporium sativium*(헬민토스포리움 사티붐)에 의해 식물생장 촉진인자인 헬민토스포랄이 발효생산되기 시작했다.

일본 발효기술의 저력을 세계에 드러낸 것으로 핵산의 발효생산이 있다. 이것도 발효 기술의 제3기에 개화한 빛나는 업적 중 하나이다.

일본에서 옛날부터 '우려낸 국물'로서 널리 이용되어온 가다랑어포나 말린 멸치 등의 감칠맛의 주성분은, 이노신산과 구아닐산 등 5′-뉴클레오티드라고 불린 핵산 관련 물질로, 구니나카 아키라(国中明)의 연구에 의해 1960년에 공업 생산되었다. 이 발효법은 비교적 많은 뉴클레오티드를 균체에 함유한 미생물에 돌연변이를 일으켜, 더 많은 뉴클레오티드를 생성시킨 후 그것을 균체 밖으로 내뱉게 하는 것인데, 그 원리도 역시 대사제어발효에 바탕을 둔 것이다.

또 발효기술 제3기의 큰 특징 중 하나는, 발효 관련 분야의 현저한 발전이다. 일본, 미국, 독일, 프랑스, 영국 같은 응용미생물선진국은, 1960년대에 들어서자, 미생물의 균체에서 여러 가지 효소를 추출하거나, 미생물을 배양하는 과정에서 그 미생물에 많은 효소를 생성시켜, 그것을 균체 내에서 분비시키거나 하면서, 소위 효소의 발효생산을 개시했다. 예를 들면, 일본에서는 누룩균을 배양하고, 그 배양기 안에 분비된 효소를 집적한 후 정제하여, 소화효소제 다카디아스타제(1909년 다카미네 조키치高峰讓吉가 누룩곰팡이에서 창제한 소화효소제의 상품명-역주)로 만들거나, 식품공업과 양조공업의 산업용 당화제로 사용했다.

오늘날, 미생물을 기원으로 한 다양한 효소가 의약 분야에 넓게 응용되기 시작하고, 세제에까지 효소를 넣어 우리들의 생활에 보탬이 되는 것은, 이 제3기의 거듭된 연구가 차지하는 부분이 몹시 크다.

'원료 또는 폐물 전환'이라는 표현의 발상을 축으로 한 발효 기술이 각국에서 행해지기 시작한 것도, 이 제3기의 특징 중 하나이다.

예를 들면, 1957년 무렵부터 효모의 균체 생산을 석유의 탈납(脫蠟, 석유에서 파라핀을 분리, 제거하는 것)과 아울러 하는 연구가 시작되었다. 그 결과, 불필요한 파라핀을 탄소영양원으로 섭취하면서 증식하여, 대량의 균체를 축적시키는 *Candida*(칸디다)속과 *Torulopsis*(토룰롭시스)속의 효모가 발견되었다. 이러한 효모는, 균체 내에 풍부한 단백질을 함유하기 때문에, 그것을 회수하여 먹이로 삼는다는 것이다. 이 생각은, 석유의 일부가 단백질 함량이 많은 효모로 변하고, 그 효모를 소나 돼지가 먹어 고기가 된다는, 효모에 의한 원료 전환의 예이다.

오늘날 석유를 대신해 천연가스를 이용하여 미생물 단백질을 생산하는 실례도 이 제3기에 다져진 기초에 의해 실현된 것이다.

한편, 경제 고도성장의 파도는 산업의 현저한 발전을 이루었으나, 그 대가로 엄청난 양의 산업폐기물과 폐수를 만들어냈다. 이것을 미생물의 힘으로 처리하여 정화하려는 발효공업도 이 제3기에 생겨나고 확립된 것이다. 예를 들면 폐수 중의 유기물을 호기조건(好氣條件)하에서 미생물로 분해하여, 깨끗한 물로 바꾸는 활성오니법(活性汚泥法, 하수나 배수에 공기를 불어넣어 활성 오니를 발생시키고 이것을 이용하여 물속의 유기물을 분해하고 정화하는 방법. 효과도 좋고 악취나 파리가 발생하지 않아 대도시의 하수 처리에 널리 쓰이고 있다-역주)과, 혐기성 조건하에서 분해하면서 메탄을 연료로 회수하여, 물을 깨끗하게 정화하는 메탄 발효 등은 그 대표적인 예이다.

이처럼, 발효 기술의 제3기는, 그때까지의 제1기 및 제2기에서 길러온 미생물에 관한 기초와 응용을 더욱 고도로 실용화하여, 인류사회에 커다란 공헌을 하기 시작한, 말하자면 완성기 전야로서의 양상을 느끼게 한다. 그 때문에 발효의 주역이 된 미생물의 선택법과 개량법도, 이 제3기에는 착실하게 그 이론과 실천이 다져졌다는 점에서 중요한 의의를 가진다.

예를 들면, 제2기에서 항생물질 페니실린이 푸른곰팡이에 의해 비로소 발효생산되기 시작했을 때, 그 배양액 1밀리리터 중에는 불과 두 단위의 페니실린 역가(力價, 일정량의 다른 물질과 반응을 일으키는 데 필요한 물질의 양-역주)밖에 없었는데, 그 후 제3기에 들어와 푸른곰팡이 개량을 위해 자외선을 쪼여 얻은 돌연변이종에서는, 900단위까지 역가를 올릴 수 있었다. 더 나아가 그 후의 연구에 의해, 오늘날에는 10000단위까지 생산할 수 있는 초고생산 변이종을 얻는다. 이 예는, 제3기가 얼마나 발효의 주역을 담당하는 미생물의 선택법이 확립되었는지, 그리고 그 관련 연구의 밀도가 얼마나 진한 시기였는지를 상징하는 것이다.

이 일은 단순히 페니실린의 제조에 한정된 것이 아니라, 글루타민산과 비타민의 제조, 효소의 생산 등 많은 발효공업에도 공통된 것이다. 오늘, 우리들 생활 주변에 있는 주류와 발효조미료, 치즈와 낫토, 빵 등 기호식품이 높은 품질을 유지하며, 안정적으로 시장에 공급되는 것도, 제3기 미생물 개량법의 확립이 가지고 온 은혜이다.

발효기술의 제4기

그리고 20세기 후반, 발효공업의 기술은 완성기로서 제4기를 맞이했다. 거기서는 발효공학, 조직배양학, 세포공학, 분자생물학, 유전자공학 같은 생명공학이 기반이 되는 광범위한 연구가 다양한 연구기관에서 행해져 항암제, 혈관계 질환 치료약, 호르몬, 간염과 헤르페스 백신, 모노클로날 항체와 DNA프로브 등의 진단약, 혈전용해제 같은 다양한 의약품이 새롭게 발효생산물로서 더해지고, 또 고정화 미생물에 의한 알코올 연속 발효, 유전자 조작에 의한 대장균을 이용한 단백질 연속 발효 같은, 지금까지 꿈처럼 여기고 있던 것까지 발효에 의해 실용화되었다.

아마도 발효공업은 지금까지 인류가 아직 발을 들이지 않은 영역인 감기나 암, 에이즈 등의 치료약, 질소고정균을 농업분야와 식품공업에 응용, 발효연료에 의한 자동차 주행, 수소세균에 의한 새로운 연료의 생산 등에 이를 것이 분명하다.

그리고 21세기에는, 난숙기(爛熟期)로서 제5기를 맞이할 것이다. 아마도 그때는, 의학과 화학, 그 외 여러 분야에서 더 많고 멋진 발효물을 미생물이 우리에게 줄 것이다.

하지만 그때, 그동안의 발효기술이 급진적으로 발전하여 생긴 교만함이, 일찍이 전쟁과 함께 발전한 어두운 시대와 마찬가지로, 어느 틈에 발효에 의한 생물병기의 개발과 제조 등을 은밀히 행하게 한다면, 그야말로 인류에게 있어서 돌이킬 수 없는 사태로까지 벌어질 것이다.

따라서 지금이야말로 '발효'의 정의를 인류 전체가 재인식해야 할 때이기도 하다. '발효'란 어디까지나 '인간 사회에 유익한 것'이 절대조건으로서 확고부동해야 한다.

제4장
일본인과 발효

일본의 술의 기원

지구와 인간에게 있어 발효의 의의와, 미생물을 발견하고 오늘까지의 발효기술의 진보 등에 대해서 지금까지 말해왔는데, 이제부터는 그 시점을 '발효 왕국'이라고 불린 일본으로 돌려, 일본 발효의 역사와 그 발효 과정 등에 대해서 살펴보기로 하자. '발효'라는 현상에 대한 일본인의 파악 방법과 응용, 그리고 그 주변에서 보이는 여러 가지 지혜가, 얼마나 이치에 맞는 발상에 근거하는지를, 독자는 본장에서 충분히 파악할 수 있을 것이다.

일본의 발효에 관한 최초의 문헌은, 중국 위나라의 사기로, 2~3세기의 야마타이국(邪馬台国)의 모습과 왜인의 풍습을 기록한 『위지(魏志)』의 '왜인전'에 보이는 왜국(일본)의 술에 관한 기술이다. 거기에는 왜국의 장송(葬送) 풍속으로 '상주 소리 내어 슬피 울고 남을 따라 가무 음주한다'라고 적혀 있다. 이 시대, 이미 대표적인 발효물인 술이 일상생활에 상당히 보급되어 있는 것을 알 수 있다.

하지만, 일본에서 실제로 술을 만들어 마신 것은, 그보다 훨씬 거슬러 올라가야만 한다. 그 증거는, 나가노현 후지미초의 이도지리 유적지구 중 하나인, 다카모리신도(高森新道)의 1호 수혈(竪穴) 유적 토기이다.

이것은 조몬(縄文) 시대(일본의 신석기 시대 중 기원전 1만4000년부터 기원전 300년까지의 시기-역주) 중기에 만들어진 원통형 토기로, 토기의 안쪽에 포도 씨가 붙어 있었다. 감정 결과, 이런 종류의 그릇은 여러 가지 식량의 저장용기로 사용되었는데, 발굴된 것은 머루, 산딸기,

으름, 가막살나무 열매, 월귤 같은 액과류를 넣어 술을 만든 용기였다. 그 방증자료로서, 동일 주거지에서 술을 따라 마시는 컵 모양 토기와 작은 공기 모양 토기도 동시에 발굴되었다. 발효에 사용되었다고 여겨지는 토기 중에서도, 목 부분이 튀어나온 '유고쓰바쓰키(有孔鍔付) 토기'는 모두 대형으로, 그 용량은 50~60리터나 되고, 족히 70~80킬로그램의 머루를 넣을 수 있었다. 이들 토기는 중앙본선 시나노사카이 역에서 남쪽으로 1킬로미터 정도에 있는 이도지리 고고관(考古館)에서 견학할 수 있다.

조몬 시대 말기의 유적에서 밭벼의 뉘가 발견되는 예가 많다. 이것은, 야요이(弥生) 시대(조몬 시대 이후, 기원전 4세기경에서 기원후 3세기경까지 계속된 일본의 농경 시대-역주)의 낮은 지대 논벼 경작에 앞서, 논벼 경작이 행해졌다는 것을 의미한다고 할 수 있는데, 어쨌거나 그 무렵부터 쌀로 술이 만들어지기 시작했다.

당시의 술은, 원료(반드시 쌀이라고 한정하지 말고 잡곡이라고 생각하는 편이 좋다)를 입으로 씹어 이것을 단지 같은 용기에 뱉어 모아놓는다. 그러면 침에 들어 있는 소화효소가 원료 중의 전분을 분해하여 포도당을 만든다. 이것에 공기 중에 부유하고 있는 효모가 낙하한 후, 알코올 발효를 일으켜 술이 되었다. 쌀 이전에는 야생 피나 도토리 등 전분질이 많은 원료를 씹어서 술을 만들었던 모양으로, 아마도 조몬 시대보다 앞선 구석기 시대에는 그와 같이 입으로 씹어 만든 술이 있었다고 여겨진다.

어쨌거나 이 입으로 씹는 방법은, 전기 조엽수림 문화와 일괄되는 남방계의, 근재문화(根栽文化)를 가진 채집, 수렵, 어로에 관계하는 사람들에 의해 일본 열도에 전파되었다고 여겨진다. 논벼 경작이 시작된 야요이 시대에도 그 입으로 씹어서 술을 만드는 일은 계속되었다.

입으로 씹어 만든 술에서 누룩술로

일본에서 발효를 하나의 기술로서 의식적으로 발전시키게 된 계기는 누룩곰팡이를 이용한 술 빚기의 발명이었다. 그때까지 타액 중의 당화 효소로 전분 당화를 하고 있었는데, 누룩곰팡이의 당화 효소로 하게 되어, 입으로 씹는 작업은 불필요하게 되었다. 게다가 대량으로 술을 만들 수 있는 등 유리한 점이 많아, 그야말로 획기적인 방법이었다.

이 누룩을 사용한 술 빚기가 대륙에서 전해졌다고 하는 지금까지의 많은 설은, 필자의 연구에 따르면 부정적이다. 그 이유는, 만약 대륙에서 주조법이 그대로 전해졌다면, 대륙에서 누룩을 만들기 위한 곰팡이는 거미집곰팡이인 것에 비해 일본은 예전부터 누룩곰팡이인 것, 대륙의 누룩은 원료를 그대로 가루로 만들어 물로 반죽하여 굳힌 후 곰팡이를 피우는 '떡 누룩' 타입인 것에 대해, 일본의 경우는 찐 쌀의 낱알 그대로 곰팡이를 피우는 '흩어진 누룩' 타입인 것, 또, 대륙의 술 원료는 보리와 고량 같은 질소 함량이 많은 원료를 사용한 것에 대해, 일본에서는 전분질이 많은 쌀이었다는 것 등, 대륙의 방법과 다른 점이 많기 때문이다(『일본양조협회잡지』 제79권 참조). 따라서 쌀누룩을 사용한 일본주는 일본 독자적으로 발생한 민족주라고 생각한다.

일본에서의 누룩곰팡이에 의한 술이 언제부터 시작되었는가에 대한 확증은 없는데, 일설에는 야요이 시대 후기라고 보는 견해가 있다. 단 문헌에 의한 초견은 『하리마노쿠니(播磨国) 풍토기』로, 거기에는 '신사의 신에게 드린 쌀밥이 오래되어, 거기에 곰팡이가 피었기에, 그것으로 술을 빚었다'라고 나온다.

실은 누룩의 어원을 봐도 이 견해는 부합한다. 쌀밥에 곰팡이가 핀 것을 당시의 고문서에는 '가무타치(加無太知)' 또는 '가무타치(加矣多知)'라고 적혀 있는데, 이것은 그때까지의 '씹는다(噛む, 가무)'의 어원을 남기면서 '가비타치(곰팡이가 피다)'의 의미를 갖는 '가무타치→가무치→가우치→가우지→고우지(누룩)'이라고 파악한다면, 타액효소에서 곰팡이효소로의 전환을 무리 없이 보여주고, 역사를 연결하는 어원변화가 될 것이다.

나라와 헤이안의 발효물

일본인은 이런 오래된 시대부터 미생물의 일종인 누룩곰팡이를 입수하여 누룩을 만들고, 그 누룩을 이용하여 술은 물론 다양한 기호품을 만들어왔다. 360년 무렵에는 쌀누룩으로 쌀식초를 만들고, 500년 무렵에는 간장의 원형인 '히시오(比之保)'를 만들기 시작했다.

이 '히시오'는, 지금의 간장이라기보다는 젓갈에 가까운 것으로, 잡곡을 이용하여 누룩을 만들고, 이 누룩을 소금에 절여 발효시키는 것은 '곡물 히시오', 어패류와 누룩, 소금의 발효물은 '생선 히시오', 들새 고기와 사슴 고기 등과 누룩, 소금의 발효물은 '고기 히시오'로 구별하여 만들었다. 1억 미식가 시대라고 불리는 오늘날이지만, 지금의 간장은 그 당시와 비교하면 곡물 히시오가 남았을 뿐이다. 먼 옛날 태곳적, 게다가 물자가 부족한 시대 중에도 이처럼 원료를 바꿔서 세 종류의 간장이 있었다는 것을 생각하면, 일본의 맛감각은 지금에 와서 시작된 것이 아닌 듯하다.

710년이 되면 된장의 원형인 '미쇼(未醬)'도 발효기호품에 더해져(『다이호료大宝令』), 713년에는 『하리마노쿠니 풍토기』에 누룩을 이용한 술 빚기가 기록되어 있고, 그 5년 후인 718년에는 『요로레이(養老令)』에 '초밥'에 대한 기록이 실려 있다. 당시의 초밥은, 오늘날처럼 뭉친 밥에 어패류를 올리거나, 김으로 싸거나 한 형태가 아니라, '나레즈시(熟鮓)'라고 해서 생선이나 조개를 밥과 함께 누름돌로 눌러, 오랜 시일에 걸쳐 유산균을 주체로 한 미생물로 발효시킨 보존식이다.

헤이안(平安) 시대(감무垣武천황이 794년에 헤이안교平安京에 도읍을 정한 후, 1192년 가마쿠라鎌倉 막부가 성립될 때까지의 약 400년간의 시기-역주)에 들어오면, 술, 간장, 식초, 된장 같은 일상 기호품은 거리에서도 팔기 시작하게 되었다. 『엔기시키(延喜式)』에는, 8~9세기의 술에는 고슈

(御酒), 고이슈(御井酒), 아마자케(醴酒), 스리카스슈(擣糟酒)라는 고급 관리용 술과, 돈슈(頓酒), 주쿠슈(熟酒), 주소슈(汁糟酒), 고자케(粉酒)라는 하급 관리 이하용 술처럼, 목적에 따라 다양한 종류의 술이 만들어졌다고 적혀 있다. 당시의 술 만드는 기술은 상당히 높은 수준이었던 듯하다.

획기적인 종국의 발명

헤이안 시대를 지나자 획기적 발명물인 '종국(種麴, 누룩에서 따로 추출해낸 곰팡이균-역주)'이 만들어졌다. 당시, 술 빚기에 사용된 누룩곰팡이의 씨는, 지금처럼 전문적인 업자가 만든 것이 아니라, '도모코우지(友麹)', '도모다네(友種)'라고 하여, 지난번에 만든 누룩의 일부를 남겨두었다가, 이것을 다음번에 만들 때 사용하는 방법을 취했다. 하지만, 도모다네가 나쁘면 누룩도 불량하게 만들어져, 술 빚기에 실패하는 데다 대규모로 누룩을 만들 때는 대량의 도모다네를 사용해야만 한다는 불편도 있었다.

그래서 쌀누룩을 가능한 한 순수하게 제조하고, 이것을 3~4일 누룩을 만들기 위한 온실에서 기르면 다량의 포자를 형성하므로, 이것을 체 같은 것으로 쳐서 쌀알과 포자를 나눠, 다량의 포자만을 모아 건조시켜 보존하는 방법이 고안되었다. 이렇게 얻은 포자를 찐 쌀에 뿌려 언제든지 안전하고 확실하게 다량의 누룩을 얻을 수 있게 되자 술도 한 번에 대량으로 만들 수 있게 되었다. 그런데 이

누룩 파는 사람의 그림. 무로마치(室町) 시대, 마을에는 이처럼 누룩을 파는 사람이 있었다(『시치주이치방쇼쿠닌우타아와세七十一番職人歌合』에서).

종국의 발명 뒤에는, 놀라운 지혜가 숨어 있었다.

모처럼 만든 종국에, 술 빚기에 해가 되는 부패균과 잡균이 포함되어 있으면, 만들어진 누룩은 불순하게 되어 결과적으로 좋은 술은 만들어지지 않는다. 다시 말하면 (잡균이 없는) 순수한 종국은, 우량주를 만드는 조건이 되는 것을 당시의 술 만드는 사람들은 체험적으로 알고 있었다. 그래서 그들은 어떻게 해서든지 순수한 종국을 만들 방법은 없을까 하여 아마도 여러 가지 시도를 했을 것이다. 그 결과, 종국을 제조할 때, 초목을 태운 재를 사용하면 대단히 순수하고 양질의 종국이 만들어지는 것을 알았다.

이 재 사용의 원리는, 현대 미생물학적인 견지에서 생각하면 실

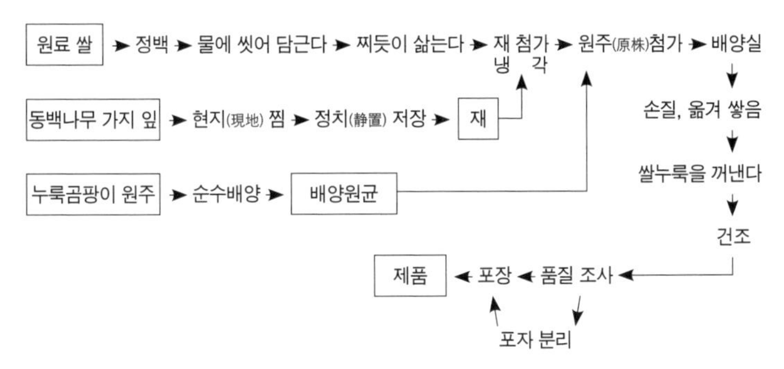

종국의 제조 공정. 재를 사용하는 점은 지금이나 700년 전이나 똑같다.

로 교묘한 방법이다. 대부분의 잡균은 재의 알칼리성에 대해서 저항력이 없어 사멸해버리는(즉 재는 많은 잡균의 살균제이다) 데 반해, 누룩곰팡이는 재에 포함되어 있는 칼륨을 이용하여 다량의 포자를 착생시킨다. 이것은 잡균과 누룩곰팡이, 재의 성질을 매우 잘 파악한 방법으로, 이 원리를 응용하면 종국을 제조할 때, 원료인 찐 쌀에 재를 넣는 것만으로 공기 중이나 멍석 등에서 침입해온 잡균은 도태되고 누룩곰팡이만이 거기에 남아 포자를 다량으로 형성하여 순수한 종국을 얻을 수 있게 된다. 지금으로부터 약 700년 전, 아직 미생물의 존재조차 알지 못했던 먼 옛날, 세상의 어떤 민족보다 먼저 이와 같은 '미생물의 순수분리법'과 '순수배양법'을 재로 행하고 있던 일본인의 지혜에는 감복하지 않을 수 없다(자세히는 졸저 『재의 문화지灰の文化誌』를 참조).

이 종국을 전문으로 제조하고 판매하는 곳이 '종국 가게'인데, 무

종국 가게의 상표. 600년 이상의 전통을 가진 종국 가게는 현재도 10개 정도의 업체가 영업 중이다.

로마치 시대(1336~1573년까지 무로마치 막부가 일본을 통치하던 시기-역주)의 수도에는 여러 곳이 영업을 하여, 순수한 누룩곰팡이의 포자를 술 빚는 가게와 된장 담그는 가게, 간장 담그는 가게 등에 제공했다. 그것이 지금까지 이어져, 전국에는 현재 10개 정도의 업체가 종국의 제조·판매를 하고 있다. 미생물 배양균(스타터)만을 제조·판매하는 산업은, 바이오테크놀로지 시대라고 불리는 지금도, 전 세계 가운데 일본의 종국 가게에서 그 예를 볼 수 있을 뿐이다.

누룩곰팡이를, 이와 같은 방법으로 순수하게 배양하거나 분리 응용한 일본인의 발상과 저력은 그 후 일본인의 발효공업의 발전을 시사하는 것이기도 했다. 지금, 세계에서 전개되고 있는 치열한 발효기술 경쟁 속에서, 일본의 수준이 그 톱클래스에 위치한다는 사실 등은 그것을 잘 증명해주는 것이다. 그리고 그 배경에는, 미생물을 취급하는 데 있어서, 그 배양과 응용이 가장 어렵다는 곰팡이라는 미생물을, 이 민족은 2000년 동안, 솜씨 좋게 다뤄온 특기가 있다. 거기에서 술, 된장, 간장, 쌀식초, 미림, 가다랑어포 같은 다양한 기호물을 만들어낸 전통이 있는데, 그것이 지금의 일본을 세계 톱클래스로 올린 저력이 되었을 것이다.

파스퇴르를 뛰어넘은 일본인

그 후 일본의 발효기술과 거기에 관련된 산업은 확실하게 발전했다. 1520년 무렵부터 간장과 된장의 대규모 공장이 출현하고, 일반대중에게까지 보급되기 시작했으며, 1559년에는 가고시마에서 소주 제조가 시작되었다. 그리고 그 다음해인 1560년에는, 일본의 발효산업 사상 대서특필할 만한 기술이 존재했던 것이 어떤 고문서에 남겨져 있다.

그 고문서는, 무로마치 시대 말기인 에이로쿠(永禄, 오기마치正親町 천황 조朝의 연호. 1558.2.28~1570.4.23-역주)부터 겐키(元亀, 오기마치正親町 천황 조의 연호. 1570.4.23~1573.7.28-역주), 덴쇼(天正, 오기마치正親町·고요제이後陽成 천황 조의 연호. 1573.7.28~1592.12.8-역주)에 걸쳐 나라 고후쿠지(興福寺)의 탑두에서 쓰인 『다몽인 일기(多聞院日記)』(승려들의 술 빚기 작업 일지라고 생각하면 좋다)인데, 거기에는 에이로쿠 3년(1560) 5월 20일 무렵에 '술을 끓여 나무통에 넣는다'라고 적혀 있다. 그리고 그 날 이후, 여름 술 곳간에서의 여러 작업에 이 '가열'(저온살균) 작업의 기록이 빈번하게 나온다. 그리고 이 고문서 전체의 문장에서, 당시의 가열 온도는 대략 50~60도씨로, 5~10분 정도를 유지했다고 추정된다. 이것은 지금의 가열과 그렇게 차이가 없는 놀라운 방법이었다.

가열의 목적은, 술을 언제까지나 부패하지 않게 보존하는 살균에 있다. 술은 만들어지고 나서도, 특수한 유산균의 침입을 받아 부패하기 쉽기 때문에, 이것을 끓이면 안심이 된다. 하지만 술을 끓이면, 알코올이 날아가 버리는 데다, 현저히 품질이 떨어져 도저히 마실 수 없다.

그런데 파스퇴르는, 1850~1860년에 걸쳐 프랑스에서 발생한 와인의 부조(腐造, 아직 거르지 않은 술이나 술을 빚고 난 후의 술이 산도의 상승 등의 이유로 술의 질이 변하는 현상-역주)를 보고, 즉시 그 대책을 위해 연구를 시작하였다. 얼마 후 그 성과를 와인 공장에서 실천하여, 이후 와인의 부조를 막았다. 그 살균법의 이론은, 술처럼 알코올이 존재할 경우에는 끓이지 않아도 저온에서 잠시 있는 것만으로 살균 효과를 충분히 달성할 수 있다는 사실을 발견하여 이것을 저온 살균법이라고 했다. 당시, 그와 같은 살균법의 사고 같은 건 전혀 없었기 때문에, 고안자인 파스퇴르(Louis Pasteur)의 이름을 그대로 붙여 파스퇴르제이션(pasteurization)이라고 했는데, 이 말은 '저온살균법'으로 지금도 일반에게 정착된 용어이다.

필자가 조사한 바에 의하면, 고후쿠지의 승려들이 가열을 행하던 그 시대 이전에, 중국과 한반도 같은 대륙, 그 외의 다른 나라에서, 이와 같은 저온살균을 했다는 사실은 전혀 없다. 따라서 이 저온살균법은 일본인의 지혜의 발상에 의해 생겨난 기술이라고 생각한다. 레벤후크가 미생물을 발견한 것보다 100년 전에, 그리고 그 위대한 파스퇴르가 저온살균법을 고안한 것보다 300년 전에, 일본인은 이미 '가열'이라고 칭하는 저온살균법을 확립하여 실천하고 있었던 것은 그야말로 놀랄 만한 지혜라고 할 수 있다. 어쨌거나 일본인은 술의 살균법에 관해서는 파스퇴르보다도 300년 정도 앞서간 것 같다.

그 후, 1593년에는 '미림(密淋)'(味醂)이, 1611년에는 무 누카미소(쌀겨에 소금과 물을 섞어 통에 담은 것-역주) 절임이 세상에 등장한다. 그리고 1674년, 그때까지 '가타우오(鰹魚)'라고 불리던 가다랑어 말린 것이, 더운 연기를 쐬어 찐 후 곰팡이를 피게 하여, '가쓰오부시'라는 생선 발효 보존 식품이 되어, 이후 일본인에게 섬세한 미각의 세계를 키워주었다. 이처럼 차례차례 일본의 독자적인 발효기호품이 만들어지고, 발효기술에 의해 일본은 대륙과는 다른 독자적인 식문화를 가진 나라가 되어갔다.

근세에서 현대로

근세가 되어도 일본의 발효 기술력은 세계의 발효기술과는 경계를 분명히 하면서 현저한 발전을 보였다. 메이지(明治) 시대(메이지 유신 이후 메이지 천황이 통치하던 기간. 왕정복고의 대호령에 의해 메이지 정부가 수립된 1868년 1월 3일부터 메이지 천황이 죽은 1912년 7월 30일까지의 44년간-역주)에 들어와 사회가 일변하자 외국에서 고도의 기술 정보와 학문이, 그때까지의 일본 독자의 기술을 더욱 충실하게 하는 중요한 양식이 되기도 하였다. 특히 영국과 독일, 네덜란드, 프랑스 같은 유럽 선진국에서 정부 고용 교수들(예를 들면, 도쿄東京대학 의학부의 전신인 도쿄 의학교에서 초빙한 헤르만 알버그와 켄넬 등)과, 그런 선진국에서 배운 귀국 유학생들의 역할은 대단히 컸다.

1950년이 되자, 일본에서도 미생물의 돌연변이법에 의한 품종 개량이 시작되어, 그 방법으로 원료 이용률을 비약적으로 높여 간장 제조용 누룩균이 개발되었다. 제지 공장의 폐액(廢液, 아황산액)을 이용하여 사료효모의 연속 생산이 시작된 것도 이 무렵(1952년)으로, 1956년에는 세계 최초로 글루타민산의 발효생산기술이 확립되어 제조가 개시되었다. 이 글루타민산 발효에 있어서 '대사제어 발효'의 원리는, 그 후 발효기술의 발전에 크게 기여했다.

이어서 다음해에는 5′-뉴클레오티드를 중심으로 한 핵산의 발효생산이 세계 최초로 확립되어 실용화로 나아갔다. 또 우메자와 하마오(梅沢浜夫, 미생물학자, 1914~1986-역주) 등에 의해 항생물질인 카나마이신이 생산되기 시작한 것도 이 해로, 이 그룹은 이후 1964년에 카스가마이신, 1966년에는 블레오마이신 등 차례차례 유효한 항생물질을 세상에 내보내 사회에 공헌했다.

이후 지금까지, 다양한 우량 발효균이 육종(育種)되고, 또 발효미생물의 대사계를 솜씨 좋게 응용한 새로운 생체응용계의 기술이 고안되어 실용화되었는데, 그것들을 포함하여 오늘날의 발효공업의 현상(現狀)에 관해서는 제6장에서 자세히 말하겠다.

제5장
발효를 담당하는 주역들

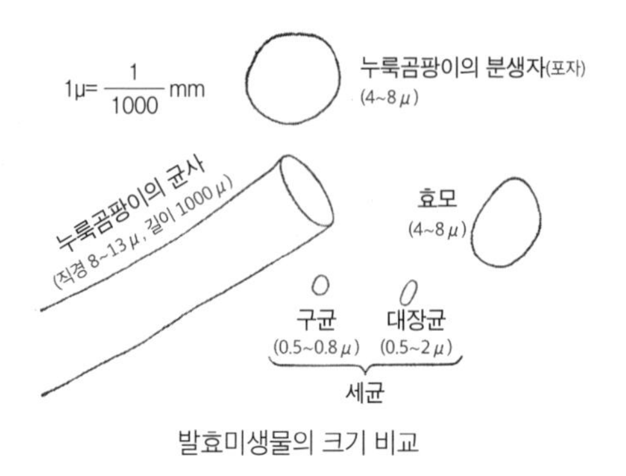

발효미생물의 크기 비교

지구 전체의 보전과 그 안에 사는 인간에게 '발효'라는 더없이 신비하고 귀중한 현상을 제공해주는 미생물. 본장에서는 이 위대한 발효를 담당하는 주역들에 대해 간단한 지식을 쌓기로 하자. 여기서는 발효미생물의 분류라든가 형상, 생리 등에 대한 자세한 내용은 전문서에 양보하기로 하고, '발효 산업의 세 마리 새'인 곰팡이, 효모, 세균에 대해 언급하며, 그것들을 알기 위한 최소한의 지식만을 기술하기로 한다.

발효에 관계된 미생물은, 조류와 담자균류(버섯류) 등도 포함되는데, 일반적으로는 곰팡이(mold), 효모(yeast), 세균(bacteria)의 3대 미생물이고, 항생물질을 생산하는 주요한 미생물인 방선균(Actinomycetes)은 세균에 속한다. 이들 미생물은 모두 현미경적 생물로, 그 중에서 가장 큰 것은 곰팡이다.

곰팡이는 귤이나 떡에 번식하여 콜로니(취락)를 만들므로 육안으로 볼 수 있는데, 이것은 곰팡이의 포자와 균사가 다수 뒤얽힌 집합체이므로 눈에 보이는 것뿐, 본체인 포자 그 자체는 육안으로는 관찰할 수 없을 정도로 작다. 앞의 그림을 보면 알 수 있듯이, 곰팡이 포자와 효모 세포의 크기는 4~8마이크로미터(μ(미크론)이라고도 하는데, 1μ은 1000분의 1밀리미터)로 거의 같은 크기이다. 그러나 세균은 평균 0.4~0.8μ으로 더 작다. 참고로, 인간의 적혈구는 약 7μ, 가장 미세한 생물인 바이러스 중, 인플루엔자·바이러스는 0.02~0.08μ이다. 곰팡이의 형태는 배율 100~150배, 효모는 400~600배, 세균은 1500~2000배의 현미경으로 관찰할 수 있다.

다음에는 발효를 담당하는 미생물 중, 곰팡이, 효모, 세균에 속한 주요한 균에 대해 설명하겠다.

곰팡이

발효할 때, 가장 자주 이용되는 대표적 곰팡이인 누룩곰팡이의 형태를 88쪽의 그림으로 나타냈다. 곰팡이는 포자와 그것을 지탱하는 경자(梗子), 그 기반이 되는 정낭(頂囊)이라는 두부(頭部), 분생자병(分生子柄)이라는 동부(胴部), 균사와 각세포(脚細胞)라는 근부(根部) 등으로 되어 있다. 균사 가운데 핵이 있고, 그 세포벽에는 셀룰로오스와 키틴질을 함유한 딱딱한 조직으로 되어 있다.

곰팡이의 포자가 날아가 새로운 배양기(이장餌場)에 낙하하면, 그 포자는 즉시 영양원을 섭취하면서 발아한다. 그것이 점점 성장하여 균사가 되고, 그 균사의 일부에서 분생자병이 나와, 그 끝에 정

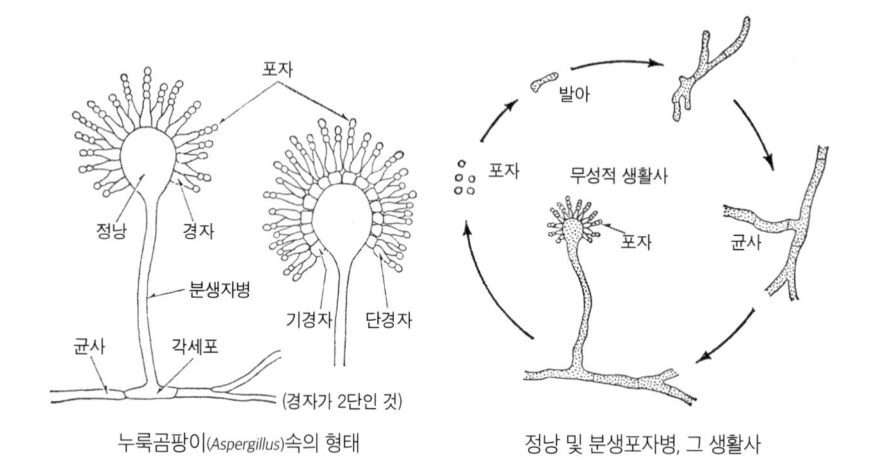

누룩곰팡이(*Aspergillus*)속의 형태

정낭 및 분생포자병, 그 생활사

낭을 형성한 후 포자를 만든다. 이 포자는 마찬가지로 정낭에서 떨어져 배양기(이장)로 낙하해, 발아하여 균사를 만든다.

이러한 생활사를 반복하며 곰팡이는 늘어난다. 이 중식 단계에서 여러 가지 대사물질을 균체 내에서 생산하고, 그 일부는 체내에서 분비하는데, 그것이 발효생산물이다. 발효공업에 이용되는 대표적인 곰팡이는 다음과 같다.

◈ 누룩곰팡이(아스페르길루스Aspergillus)속

A. oryzae(오리재)는 황국균(黃麴菌)이라고 하는, 일본의 대표적 유용 누룩곰팡이다. 일본주, 쌀식초, 된장, 미림, 단술 등의 양조에 오래전부터 이용되었다. 원료 중의 전분을 당화하여 포도당으로 만드는 아밀라아제(전분 분해효소)의 힘이 매우 강하다.

A. sojae(소에)는 간장과 된장 제조에 이용되었다. 콩과 밀가루 같은 원료 중의 단백질을 분해하고, 감칠맛의 주성분이 되는 아미노산을 생성하는 프로테아제(단백질 분해효소)의 효소력(酵素力)이 매우 강하다.

A. niger(니거)는 흑국균이라 불리며, 포자의 색은 검은색이다. 구연산 발효력이 매우 강하여, 구연산 공업생산에 사용된다. 또, 펙틴 분해 효소력도 매우 강하기 때문에, 펙틴 분해 효소 공업생산에도 사용되어, 과즙 청징(清澄)과 잼, 마멜레이드의 제조에 공헌하고 있다.

A. awamori(아와모리)는 흑국균의 일종으로, 전분 당화력이 강한데다 구연산의 생산력도 강하기 때문에, 소주와 오키나와현 아와모리(泡盛, 오키나와 특산 소주, 좁쌀이나 쌀로 만들며 맑고 독함-역주)에 사용된다. 소주는 온난한 오키나와현과 남큐슈 지방에서 만들어지는데 발효 중에 있는 아직 거르지 않은 술에 유해균이 침범하지 않고, 정상 발효할 수 있는 이유는, 이 누룩균이 구연산 발효를 강하게 한 덕분에 아직 거르지 않은 술의 pH(수소 이온 농도)를 내려 유해균의 침입을 막고, 소주 효모만이 알코올 발효를 하기 때문이다.

A. repens(레펜스)는, 가다랑어포(일본어로 가쓰오부시-역주)에 잘 번식하여 단백질을 분해하고, 감칠맛을 생성하거나 산화 열화의 기본이 되는 지방을 분해하는 능력이 뛰어난 균으로, 일명 '가쓰오부시균'이라고도 불린다. 가다랑어포 내부에서 물을 빨아올려, 가다랑어포의 중심부터 건조시켜 보존과 열화 방지도 하고 있다.

◈ 푸른곰팡이(페니실리움Penicillium)속

P. chrysogenum(크리소게눔)은 항생물질 페니실린 생산균의 대표적 균주로, 오늘날에는 여기에 돌연변이를 일으켜 페니실린 고생산변이주(高生産變異株)를 얻어, 그것으로 대량의 페니실린을 공업 생산하고 있다.

P. roqueforti(로큐포티)는 *P. camemberti*(카망베티)와 함께 치즈 제조용 균으로 유명하다. 둘 다 우유 속 단백질(카제인)을 일부 연질(軟質) 분해하여 맛을 내고, 또 고유의 향미를 만든다. 전자는 로크포르 치즈, 후자는 카망베르 치즈에 사용된다.

◈ 털곰팡이(뮤코르Mucor)속 및 거미집곰팡이(리조푸스Rhizopus)속

M. rouxianus(루키시아누스)는 전분을 분해하는 당화력이 강하고, 게다가 알코올 발효력도 있는 신기한 곰팡이다. 이전에는 전분 당화법의 하나인 아미노법에 응용되었다.

M. pusillus (푸실루스)는, 치즈 제조에 필요한 응유(凝乳)효소 생성균으로 잘 알려져 있다. 응유효소(레닛 또는 렌넷)는 지금까지 송아지의 제4위(胃)만이 제공했기 때문에, 치즈의 제조에는 필연적으로 송아지를 도살해야만 했으나, 아리마 게이(有馬啓)는 1962년, 이 뮤코르 푸실루스의 효소가 우유 단백질을 응고시키는 것을 발견하고, 그 후 연구에 의해 미생물 레닛이 실현, 치즈 제조에 응용되었다.

R. javanicus(자바니쿠스)는 강력한 전분 분해력(당화력)을 가지며, 일

본에서는 잘라 말린 고구마를 원료로 한 알코올 제조법인 아미로법에 이 균이 사용된다. 단백질 분해력도 상당히 강하다.

R. delemar(델레마)는 중국의 약주에서 분리된 곰팡이로, 전분의 당화력이 매우 강하고, 전분을 이론치의 100%까지 포도당으로 만들 수 있어서, 효소당화법에 의한 글루코스 제조에 사용된다.

◈ 모나스커스(Monascus)속

M. anka(안카)및 *M. purpureus*(퍼퓨리우스)는 모두 홍국(紅麴)곰팡이라고 불리며, 균사 내에 붉은색 색소를 착생하고, 아름다운 콜로니를 만든다. 중국 남부와 동남아시아 일부에서 만들어지는 '홍주(紅酒)'의 누룩 만들기에 사용되는 균으로, 안카(홍국)와 홍두부를 만드는 데 빼놓을 수 없다.

효모

효모는 곰팡이와 달리 작으며, 모양은 계란형과 구형, 레몬형, 소시지형 등 다양하다. 증식은 대부분 출아법으로 한다.

이것은 영양원을 적당히 섭취하면, 우선 모세포(mother cell)에서 작은 돌기가 나오고, 이 돌기물이 점점 커져 딸세포(daughter cell)가 된다. 그 다음 이 모세포와 딸세포는 거의 같은 크기가 되면 분리되는데, 그 시점에 딸세포는 모세포가 된다. 그리고 모세포는 출아해서 딸세포를 만들고, 이 생활사를 계속 반복하여 점점 증식해

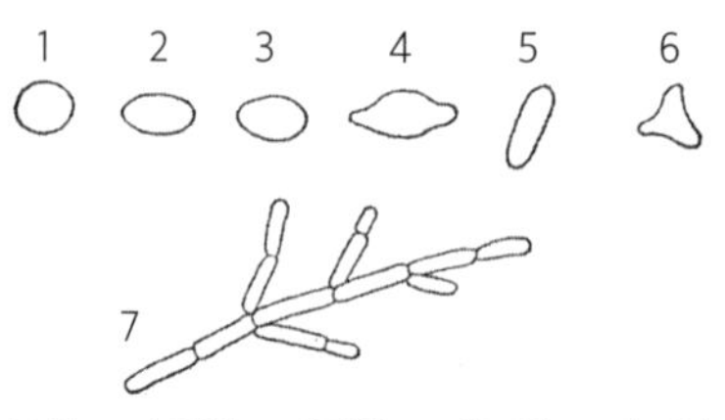

효모의 세포 형태. 1:구형, 2:타원형, 3:계란형, 4:레몬형, 5:원통형, 6:삼각형, 7:균사 모양(가짜 균사).

간다. 증식할 때, 균체 내에서 여러 가지 물질이 만들어지고, 그 일부를 균체 외로 분비하는데, 그것이 발효물이다.

효모의 세포 내부는 94쪽 그림으로 나타낸 것처럼, 가장 바깥쪽인 세포벽은 글루칸, 만난, 키틴 등의 고분자 화합물 및 단백질로 이루어져 있는데 몹시 강하다. 탄생흔(誕生痕)은, 모세포에서 분리됐을 때의 흔적, 출아흔(出芽痕)은 스스로 모세포가 되어 딸세포를 만들어내고, 그것이 분리된 흔적이다. 중앙부에 있는 액포(液胞)의 역할은 아직 잘 알 수 없으나, 포리린산과 지질 등의 에너지원, 아미노산과 프린염기류 등의 생합성(生合成) 소재, 그리고 프로테아제, 리보뉴클레아제, 에스테라제 등의 가수분해 효소가 함유되어 있어, 중요물질의 저장 창고 같은 역할을 한다고 생각된다.

미토콘드리아는, 고등식물의 그것과 마찬가지로 산화와 호흡계 기능이 집중되어 있는 곳으로 유리(遊離) 에너지의 비축물인 아데노신삼인산(ATP)도 여기서 만들어진다. 핵은 염색체가 농축되어 있는 부분으로, 가장 중요한 유전계 기부(器部)다. 이 속은 유전자

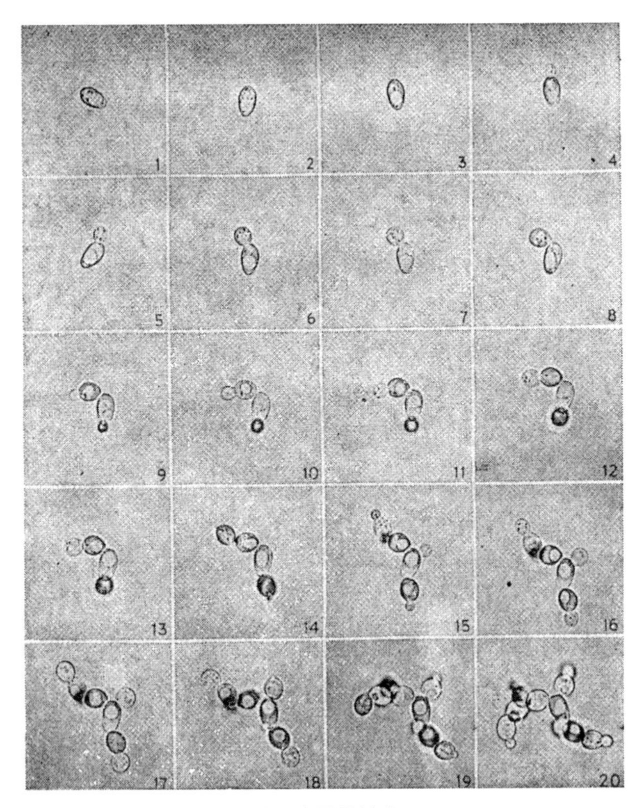

효모의 증식 상태

DNA(디옥시리보 핵산)를 떠맡은 섬세한 섬유가 꽉 찬 영역이라고 생각하면 된다. 발효로 활약하는 대표적 효모에는 다음과 같은 것이 있다.

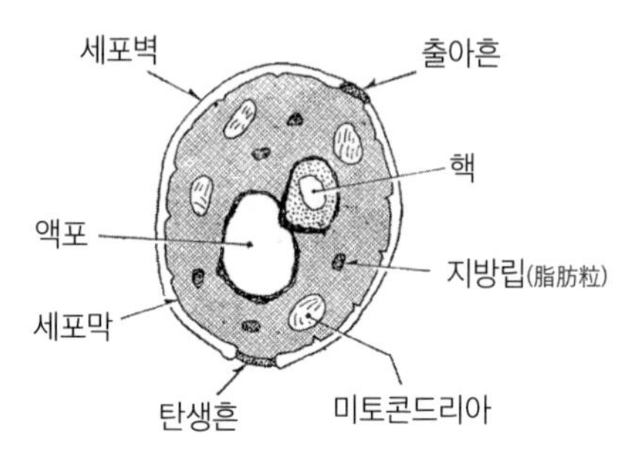

효모세포의 내부 구조

◈ 사카로마이세스(Saccharomyces)속

S. cerevisiae(세레비시아)는 가장 대표적인 양조용 효모로, 알코올 발효력이 강하다. 빵 발효 외에, 맥주, 와인 등 주류 전반의 양조에 사용된다. 이 효모와 가까운 S. sake(사케)는 청주효모라고 하여, 일본주 제조에 사용된다. 20%의 고농도까지 알코올을 생성할 수 있는 특징을 지니며, 낮은 온도에서도 발효가 잘 된다.

S. rouxii(록시)는 알코올 발효력은 그렇게 강하지 않지만 15%를 넘는 고농도의 식염 존재하에서도 발효를 하기 때문에, 간장과 된장의 발효에 크게 활약하고 있다. *S. uvarum*(우바럼)은 맥주 발효에 사용되는 효모의 일종으로, 저온에서도 발효력을 유지할 수 있는 성질이 있다.

◈ 칸디다(Candida)속

C. utilis(우틸리스)는 아황산 펄프 폐액(廢液)과 목재당화액에 배양

각종 세균의 형태

하여, 그 균체를 사료와 핵산 관련 물질의 제조에 이용하는 외에, *C. lipolytica*(리포리티카) 및 *C. tropicalis*(트로피칼리스)는 노르말 파라핀 같은 탄화수소를 탄소영양원으로 삼아 증식하기 때문에, 석유를 써서 대량으로 배양한 후 그 균체의 단백질을 이용하기도 한다.

세균

세균은 효모와 마찬가지로 단세포다. 그 세포는 효모보다 더 작으며, 형태에는 구균(球菌), 간균(桿菌, 막대 모양), 나선상균 등이 있다. 단일한 단구균과 2개 나란히 있는 쌍구균, 쇠사슬처럼 연결된 모양의 연쇄상구균, 포도송이처럼 덩어리진 포도상구균 등 다양하다.

그 증식 방법은 2분열법으로, 적당하게 영양분을 섭취한 세균은 서서히 세포가 커지고, 이어서 세포 중앙 격벽(隔壁)이 형성된다.

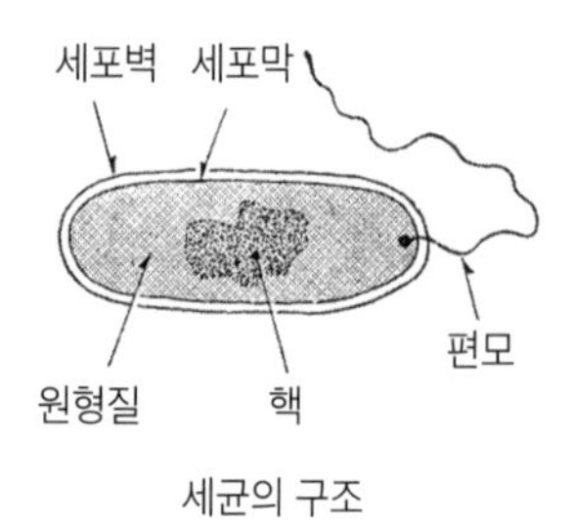

세균의 구조

그 다음 2개로 분열하여, 단독 세포가 되어 다시 성장하고, 또 분열을 반복한다. 이 세포 성장, 분열의 간격은 곰팡이와 효모에 견주면, 비교가 되지 않을 정도로 빠르다. 예를 들면 대장균은 조건만 좋으면 20분마다 분열하기 때문에, 단시간에 기하급수적으로 증식한다.

세균의 구조는 비교적 간단한데, 위의 그림처럼 편모를 가진 운동성이 있는 것도 있다. 가장 외벽에 세포벽이 있고, 원형질이 에워싸고 있는데, 이 원형질 안에는 다당류와 지질 외에 섬유질의 핵이 있고, 이 안에 유전을 담당하는 RNA와 단백질 합성에 관여하는 리보솜 입자 등이 감싸여져 있다. 발효에 사용되는 세균의 대표로는 다음과 같은 것이 있다.

◈ 유산균(Lactic acid bacteria)

Streptococcus lactis(스트렙토코커스 락티스)는 구형의 유산균으로, 우유에서 잘 생육하여 유산을 만들고, 우유를 응고시키기 때문

에 치즈와 요구르트 제조의 종균(스타터)으로 쓰인다. *Lactobacillus bulgaricus*(락토바실러스 불가리커스)는 간상(桿狀)의 유산균으로, 40~50도씨라는 고온에서도 생육하여, 유럽의 요구르트는 대부분 이 균으로 만들어진다. 일본에서 만들어지는 요구르트와 발효 음료는 주로 *L. jugurti*(요구르티)를 이용한다.

또, *L. acidophilus*(에시도필러스)는 유아의 장 속에서 분리되는 유산균으로, 장 안에서 번식을 잘하는 데다가 다른 유해균의 생육을 억제하는 작용이 있기 때문에, 정장제로서 이용되고 있다. *L. plantarum*(플란타룸)은 누카미소(겨에 소금을 섞어 물로 반죽하여 발효시킨 겨된장-역주) 절임의 발효균으로, 누카 절임에 특유의 향미를 준다.

Leuconostoc mesenteroides(류코노스톡 메센테로이데스)는 매우 재미있는 균으로, 자당액(蔗糖液)에 배양하면, 균체 주위에 덱스트란이라는 포도당 중합체(重合體)를 만든다. 이 물질은 인간의 혈장을 대체할 수 있는 것이기 때문에 대용혈장으로서 발효생산되어, 의료에 사용되고 있다. *Pediococcus halophilus*(페디오코쿠스 할로필러스)는 15%를 넘는 식염 환경하에서도 발효하여 간장과 된장에 특유의 향미를 준다.

◈ 방선균(Actinomycetes)

토양을 주 거처로 하는 이 균군(菌群)이 각광을 받는 이유는 뭐니 뭐니 해도 항생물질의 생산이 뛰어나다는 점이다. 그중에서도 *Streptomyces*(스트렙토마이세스)속에 포함되는 균류는 유명하다.

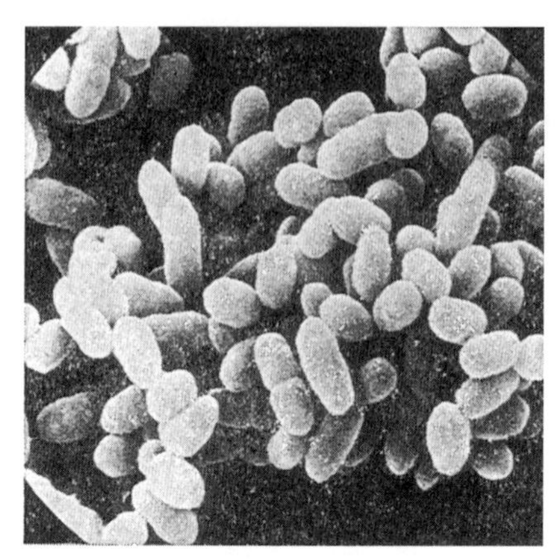

식초를 만드는 초산균

S. griseus(그리세우스)는 스트렙토마이신을, *S. aureofaciens*(아우레오파시엔스)는 아우레오마이신을 생산한다. 또한 *S. olivaceus*(올리바슈스)는 비타민B12를 다량으로 생산하고, *S. aureus*(아우레우스)는 정미성(呈味性) 뉴클레오티드 제조용 효소인 5′-호스호스에스테라제를 만든다. 이처럼 방선균에는 실용성이 풍부한 것이 많은데 앞으로도 더욱 다양한 유용균주가 발견되리라 생각된다.

◈ 그 외의 저명한 발효세균

식초 양조에 사용되는 초산균(Acetobacter)의 대표는 *A. aceti*(에세티)로, 에틸알코올의 수용액과 와인, 술지게미 등의 알코올에 작용하여, 이를 산화시켜 식초를 발효생산한다. 낙산과 아세톤, 부탄올을 만드는 낙산균의 대표에는 *Clostridium butyricum*(클로스트리

듐 뷰티리쿰)과 *C. acetobutylicum*(아세토부틸리쿰)이 있으며, 프로피온산의 발효와 치즈의 숙성에 관여하는 것은 프로피온산균(Propionbacterium)이다. 자숙(煮塾) 대두에 번식하여 점질물질과 특유의 향미를 주어 실처럼 늘어나는 낫토를 만드는 것은 *Bacillus natto*(바실러스 나토)로, 우리 신변 가장 가까이에서 생육하는 세균이다.

그 외에 특수한 발효균으로, *Chlorobium*(클로로비움)속과 *Rhodopseudomonas*(로도슈도모나스)속은 광합성을 하는 세균, *Azotobacter*(아조토박터)속과 *Azomonas*(아조모나스)속, *Rhizobium*(리조비움)속 등은 토양 중에 있으면서 질소의 고정과 동화를 하는 세균이다. 그 균들은 콩과 식물의 뿌리에 살며 근류(根瘤, 콩과 식물의 뿌리에 형성되는 혹 모양의 기관-역주)를 만들고, 거기서 질소를 고정하므로 비옥한 토양이 만들어진다. 즉, 농업과 임업에 유용한 균군이다.

농업 폐수의 처리에 이용하는 세균은, 대단히 종류가 많은데 가장 잘 알려진 활성오니법에서 활약하는 균은 *Bacillus*(바실러스)속, *Pseudomonas*(슈도모나스)속, *Zooglea*(주글레아)속이다. 또 유명한 메탄발효에는 메탄발효균군(Methanobacterium)이 오수 정화에 도움이 된다.

발효생산물의 균체 외 분비

미생물이 우리들 인간에게 은혜를 주는, 각종 발효물은 대체 어떻게 만들어지고 균체 밖으로 분비되는 것일까. 이 점에 대해서 알아보기로 하자.

인류와 다른 동식물과 마찬가지로, 미생물도 역시 영양을 체내에 섭취하여, 그것을 분해하거나 그것을 재료로 전혀 다른 물질을 만들면서, 그 과정에서 생기는 에너지(열량)를 얻어 계속 살아간다. 발효는 그때 만들어지는 대사 물질을 인간이 솜씨 좋게 이용하는 현상이라고 할 수 있다.

여기서 말한 영양원이란, 미생물이 살아가는 데 불가결한 탄소원과 질소원인데, 그 대표가 전자는 포도당이고 후자는 아미노산이다. 인간과 미생물은 전적으로 같은데, 인간은 곡물을 탄소원으로 섭취하고, 그 곡물 중의 전분(포도당의 중합체)을 타액과 위벽에서 분비되는 당화 효소로 분해하여 생성된 포도당을 재료로 다양한 대사를 하여, 그 에너지로 살아간다.

또, 고기와 생선, 우유와 두부 등은 단백질(아미노산 중합체)을 풍부하게 함유하고 있는데, 인간과 미생물도 그대로의 형태로는 대사에 이용할 수 없다. 이것을 분해하는 효소(단백질 분해 효소)가 작용하여 아미노산을 만들고, 그 아미노산이 비로소 대사에 이용되는 것이다. 따라서 생명이 있는 것은, 반드시 체내에 대사계를 담당하는 많은 효소가 필요한데, 그 효소란 특수한 단백질로 이루어져 있는, 생명력이 없는 물질이다. 기질(基質)이 있으면 즉시 거기에 작용하여, 여러 가지 물질을 분해하거나 합성하는 신기한 단백질이 효소이다.

이렇게 효소작용 덕분에 균체 내에 흡수된 영양원은, 더욱 다양한 효소(미생물에서 지금까지 약 1000종의 효소가 발견되었으며, 그중 100종을 넘는 효소가 결정화되었다)작용을 받아서 변화해간다. 예를 들면 대표적인 발효로, 효모에 의한 알코올 발효가 있는데, 효모는 우리들 인간을 위해 알코올 발효를 일으켜, 술이라도 제공하여 기분을 맞춰주자 따위의 생각은 전혀 없다. 어디까지나 스스로 살아가기 위해, 종족 보존을 위해 포도당에서 알코올을 생성하는 대사를 하고, 그 과정에서 얻은 에너지를 살아가기 위해 쓰는 데 지나지 않는다.

102쪽의 그림은, 효모의 균체 내에 섭취된 포도당이, 여러 대사를 거쳐 에틸알코올이 되어가는 경로를 보여주는 것이다. 세포벽과 세포막을 통과하여 균체 안으로 들어간 포도당은 우선 글루코스-6-인산이 되고, 이어서 이것이 프락토스-6-인산으로 변한다. 계속해서 이것이 글리세린알데히드가 되고……이런 식으로 차례차례 변화하여, 결국에는 피루브산에서 알데히드가 만들어지고, 그것이 환원되어 에틸알코올이 최종 산물로서 체내에 축적된다. 이 모든 성분변화는 효소에 의해 이루어지고, 그 생화학적 합성반응 때문에 에너지가 만들어지며, 이것을 생명유지에 이용한다.

한편 균체 내에 알코올이 차례차례 쌓이면, 효모의 생리작용에 해가 되기 때문에, 이번에는 알코올을 세포막과 세포벽을 통과시켜 균체 외로 방출한다. 즉, 알코올은 효모에게 있어서 에너지 획득 반응의 결과로 인해 생긴 폐기물로, 예가 좀 그렇지만, 포유류로 말하면 분뇨 같은 배설물이다. 그것을 인간이 예상 외로 좋아하고 마시며 술이라는 위대한 문화를 만들었다.

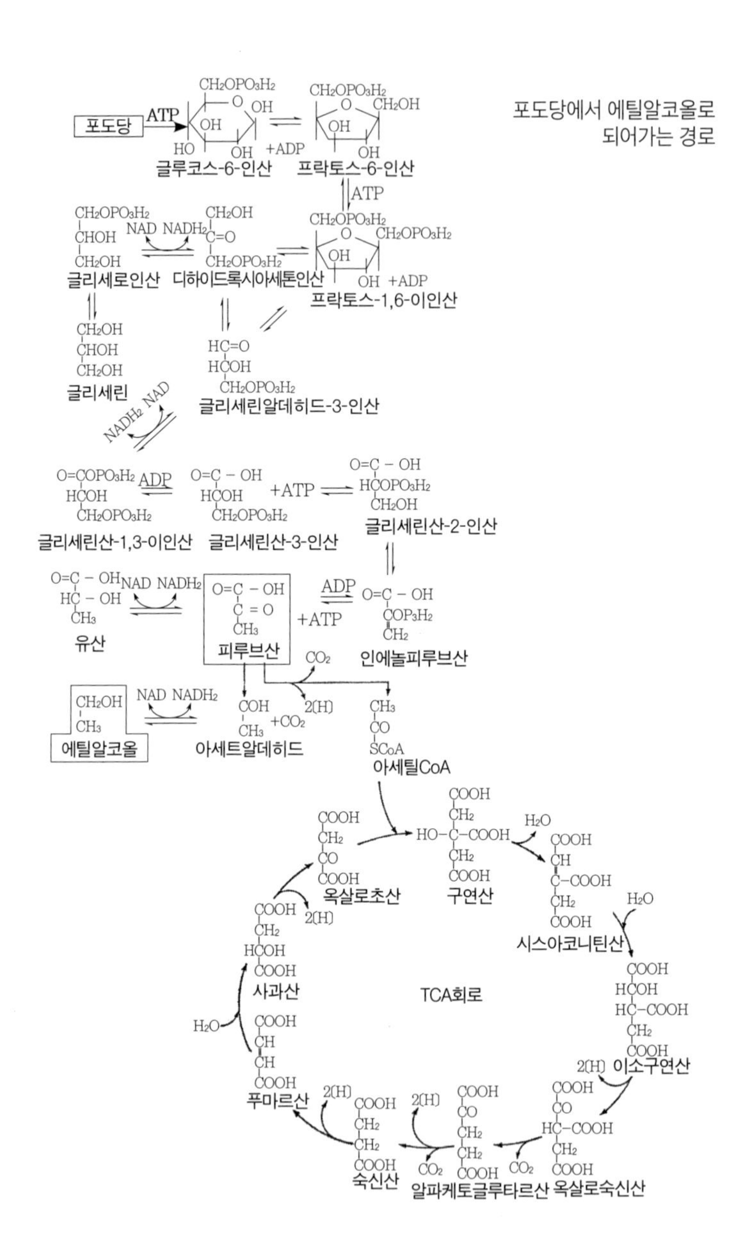

포도당에서 에틸알코올로
되어가는 경로

효모는 물론 미생물은 환경이 변해도 거기에 순응한 에너지 섭취 방법을 취해 살아갈 수 있다. 예를 들면, 그림에 나타낸 알코올 발효의 대사 경로는, 산소가 없는 혐기성 환경하에서 활발해지는, 포도당에서 에너지를 획득하는 경로인데, 만약 통기(通氣) 등에 의해 산소가 충분히 공급되는 호기상태 환경에서는, 에틸알코올은 그다지 생성되지 않고 대사회로 도중 피루브산에서 아세틸CoA를 거쳐 구연산과 시스아코니틴산, 숙신산 등을 차례차례 생성하는, 삼카르복실산회로(TCA사이클)를 돌면서 에너지를 취한다.

요컨대 발효는 그 발효의 명칭과 생성물은 달라도 대부분은 이처럼 균체 내와 세포막, 세포벽 등에 존재하는 산소의 작용에 의해 얻은 영양원에서 에너지를 섭취하고, 그 대사 과정에서 대사부산물(발효물)이 생산되며, 그것이 균체 밖으로 배출되는 것이라고 생각하면 알기 쉽다.

제6장
발효공업

미생물이 각종 물질을 분해 또는 합성하는 기능을, 인간이 유용 물질의 생산 등에 이용하는 공업을 '발효공업'이라고 부른다. 오늘날 이 산업이 경이로운 발전을 이룬 배경에는, 지금까지 언급했듯이 선구자들의 여러 가지 지혜와 발상, 그리고 만족할 줄 모르는 집요하고 거듭된 연구가 있었기 때문이다. 여기서는 이 선구자들이 쌓은 기초를 발판으로, 현재 어떠한 발효가 공업화되어 우리들의 생활을 풍성하게 했는지에 대해서, 그 현상을 살펴보기로 하자. 눈으로 볼 수 없는 미세한 생물의 신비한 능력과 문화를 계속 연구하는 인간의 지혜라는, 이 두 가지 신기한 융합이 초래한 '발효의 낭만' 같은 것을 슬쩍 엿볼 수 있다.

오늘날의 발효공업은 넓은 범위에 걸친 생물 산업이므로, 그 현상을 말하기 위해서는 미리 산업 분야를 정리한 뒤 전개해야 한다. 그것을 필자는 다음의 13가지 분야로 구분했으므로, 그에 따라 이야기를 진행해가기로 하겠다.

1. 주류 양조 및 알코올류의 발효공업
2. 발효식품산업
3. 유기산의 발효공업
4. 아미노산의 발효공업
5. 핵산 관련 물질의 발효공업
6. 항생물질의 발효공업
7. 생리 활성 물질의 발효생산

8. 당류 관련 물질의 발효공업

9. 효소의 발효생산공업

10. 미생물 균체 단백질의 발효생산

11. 탄화수소로부터의 발효물 생산

12. 환경정화 발효

13. 박테리아 리칭

주류 양조 및 알코올류의 발효공업

◈ 주류의 양조

세계에는 가지각색의 술이 있고 수많은 이름난 술이 양조되고 있는데, 오늘날의 술을 크게 나누면 다음의 세 종류로 정리할 수 있다.

〔양조주〕원료를 그대로(과즙의 경우) 또는 당화(곡물의 경우)한 후, 효모로 발효시켜 여과하여 마시는 술. 청주, 맥주, 와인, 샤오싱주(紹興酒) 등.

〔증류주〕양조주를 증류하여 만든 술로, 대부분의 경우 알코올분이 높고, 나무통에 저장하여 숙성시킨다. 위스키, 브랜디, 진, 보드카, 럼, 소주, 마오타이주(茅台酒) 등이 여기에 속한다.

〔혼성주〕일반적으로 리큐르가 여기에 해당한다. 양조주와 증

류주에 식물의 뿌리, 꽃, 열매 등을 담가 그 색과 향을 내고, 더 나아가 당과 알코올을 더해 농후하게 한 것으로, 알코올과 에키스분(당분 같은 불휘발분不揮發分)이 높다. 매실주, 베르무트, 체리브랜디, 오렌지큐라소, 크렘, 각종 약용주 등 매우 종류가 많다.

술은 민족의 긍지이다. 일본의 청주, 중국의 후앙주(黃酒)와 바이주(白酒), 영국의 위스키, 독일과 네덜란드 등의 맥주, 프랑스의 브랜디, 러시아의 보드카 등 세계 여러 나라의 특산 주류는 그 나라만의 독특한 것으로, 민족의식의 하나로서 국민은 거기에 무한한 긍지와 동경을 가지고 있다. 인류가 술을 의식적으로 만들기 시작하고 나서 오늘에 이르는 동안, 세계의 많은 민족 가운데, 술과 전혀 만남이 없었던 민족은 아마도 없을 것이라고 한다(극히 드문 예로 캐나디언·에스키모, 오스트레일리아 원주민은 자신들만의 술을 가지고 있지 않은 민족으로 여겨진다). 예를 들면 종교상의 이유 등으로 지금은 금주를 지키고 있는 나라도, 그 민족의 긴 역사를 더듬어 가면, 적어도 한 번은 술을 마신 조상이 있었던 것이 된다. 지금부터 말할 술에 대해서, 우선 그 걸어온 길부터 살펴보자.

효모에 의해 알코올 발효가 일어나 술이 만들어지기 위해서는, 당분이 절대 불가결한 조건이 된다. 따라서 곡물원료의 당분을 알지 못했던 원시 시대의 술은, 북방에서는 머루나 산사나무 열매, 나무딸기, 남방에서는 파인애플과 야자나무 열매 등, 액과류(腋果

스이코 하인(酔胡従, 스이코 왕에게 종속된 부하라는 의미-역주). 먼 아스카(飛鳥) 시대(야마토의 아스카 지방을 도읍으로 하던 시대로, 6세기 후반부터 7세기 중엽까지-역주)인 스이코(推古) 20년(612)에, 백제에서 전해진 가면극에 사용되던 가면. 술을 마시고, 매우 유쾌한 웃음을 띠고 있다. 술에 대한 인간의 동경을 대표하는 것 같은 가면이다(도쿄국립박물관 소장).

類)가 사용되었다.

약 1만 년도 더 전에 오리엔트와 나일강변에서 보리, 인도와 중국의 일부에서 쌀, 동남아시아와 중국, 동아시아에서 피와 고량 등의 잡곡이 재배되기 시작하여, 농경시대가 되자 본격적인 술 문화가 시작된다. 그러한 곡물들을 생산하여 저장과 조리를 하는 단계에서, 예를 들면 보리를 먹었던 민족은 우연한 기회에 발아한 보리가 의외로 달고, 그 침지액(浸漬液, 어떤 재료를 담가 배어들게 하는 용액-역주)이 어느 틈에 (발효하여) 신기한 음료(술)로 변하는 사실을 알았다.

「모뉴먼트 · 블루」(바빌로니아, 기원전 3000년)

또 쌀을 주식으로 하던 민족은, 그것을 조리한 것에 곰팡이가 핀 것을 적당히 주물럭거리는 동안에, 신기한 음료와 만났다. 그러한 생활의 일부였던 막연한 것이 술의 시작이 된 듯하다. 맥아와 곰팡이에 곡류의 주성분인 전분을 분해하여 포도당으로 변화시키는 당화 효소가 있었기 때문에, 이 우연과 만난 것에 지나지 않는다.

한편 인간은, 그림과 문자를 사용하여 기록을 남기기 시작했는데, 그 시점에서 이미 곡물을 당화, 발효시켜, 술을 빚었다는 사실을 남겼다. 1935년, 펜실베니아대학을 중심으로 미국 동양학 관련 고고학자들이 티그리스, 유프라테스 두 강 사이의 인류 최고(最古) 문명의 땅, 메소포타미아 지방을 발굴 조사했을 때, 모래에 묻힌 석판을 발견했다. '모뉴먼트·블루'라고 불리는 이 석판에는, 긴 막대를 든 두 노예가, 둘 사이에 놓인 용기를 휘젓고 있는 그림이 그려져 있는데, 새겨진 설형문자를 해독한 결과, 보리의 맥아를 사용한 당시의 맥주 빚는 모습을 그린 것이라는 사실이 밝혀졌다. 지금부터 약 5000년 전의, 인류 최고의 기록 중 하나가 술이었다는 사실은, 이후 '문화'로서의 술의 발전을 상징하고 있는 것 같기도 하다.

또한, 오늘날 각국별 인구 일인당 주류 연간 소비량(알코올 100% 환산)은, 프랑스가 13.3리터(예를 들면 알코올분 12%의 와인으로 환산하면, 프랑스 사람은 어린이부터 노인까지 포함해서 매일 약 3홉(약 0.5리터)이나 거르지 않고 마시는 것이 된다), 스페인 11.8리터, 이탈리아 11.6리터로 여기까지가 베스트5. 이하 주요국에서는 미국이 8리터로 19위, 영국 7.1리터로 23위, 러시아 및 일본이 5.7리터로 29위이다. 일본의 주요 주류 소비량은 청주 140만 킬로리터, 소주 55만 킬로리터, 맥주 550만 킬로리터, 위스키 30만 킬로리터, 와인 8만 킬로리터이다(1988년 기준).

그런데 오늘날의 술은 너무도 종류가 많고, 다양한 배경이 있어서, 여기서 하나하나 술에 대해서 말하는 것은 불가능하다. 따라서 여기서는, 현재 세계에서 만들어진 대표적인 술에 대해서 열거하는 데 그치고, 술 전반의 지식에 대해서는 졸저 『술 이야기(酒の話)』를 참고했으면 한다. 또한 술을 베이스로 해서 과실과 약초 등을 첨가한 혼성주류는 너무도 그 수와 종류가 많아 여기서는 다루지 않았다.

세계의 주요한 술 (양=양조주, 증=증류주)

술의 명칭	종류	원료	발효 관여 미생물	생산국	알코올 도수(%)	비고
와인 (Wine)	양	포도	효모	세계 70개국에서 공업생산	8~13	세계 전생산량의 80%는 유럽
샴페인 (Champagne)	양	포도	효모	주로 프랑스	9~14	발포성 와인
셰리 (Sherry)	양	포도	효모	스페인	7~20	원료 포도를 햇볕에 말려, 당도를 높인 후 빚는다. 숙성 시에 브랜디를 첨가한다
사과술 (Cider)	양	사과	효모	유럽, 미국, 캐나다 등	2~8	발포주와 비발포주가 있다
맥주 (Beer)	양	보리	효모	주로 독일, 덴마크, 네덜란드 등 세계 각국에서 공업생산되고 있다	3~7	생산량이 가장 많은 나라는 미국. 일인당 소비량이 가장 많은 나라는 독일
위스키 (Whisky)	증	보리, 옥수수 등	효모	영국, 미국, 캐나다, 일본 등	40~45	영국의 스카치, 미국의 버번은 특히 유명
진 (Gin)	증	주로 호밀, 보리	효모	네덜란드	37~50	증류 시에 노간주나무 열매를 넣는 것이 유명
보드카 (Vodka)	증	주로 보리, 옥수수	효모	러시아	40~50	자작나무 숯으로 걸러 무색투명한 술을 만든다
럼 (Rum)	증	사탕수수와 당밀, 고구마	효모	자메이카, 푸에르토리코, 쿠바를 중심으로 한 중남미	37~45	헤비 럼, 미디엄 럼, 라이트 럼처럼 술의 질에 따라 타입이 나뉜다
테킬라 (Tequila)	증	용설란의 덩이줄기	효모, 식물 부후(腐朽) 세균 등	멕시코	40~43	용설란의 덩이줄기에는 전분이 풍부하다
아락 (Arrack)	증	야자열매와 당밀	효모	남아시아	50~60	찐 쌀이나 누룩을 사용하는 경우도 있다

술의 명칭	종류	원료	발효 관여 미생물	생산국	알코올 도수(%)	비고
브랜디 (Brandy)	증	포도	효모	주로 프랑스	40~45	포도주를 증류하여, 나무통에 저장한 향이 진한 술. 특히 향을 즐긴다
칼바도스 (Calvados)	증	사과	효모	프랑스	42~45	비발포 사과술을 증류한 술
아콰비트 (Aquavit)	증	감자와 보리맥아	효모	스웨덴과 덴마크를 중심으로 한 북유럽	55~60	스칸디나비아에서는 스냅스(Snaps)라고도 불린다. 약초로 향낸 것이 많다.
코른 (Korn)	증	호밀과 밀	효모	독일	30~40	스냅스(Snaps)라고도 부른다
미드 (Mead)	양	벌꿀	효모	스웨덴, 폴란드, 영국 등	10~12	벌꿀을 발효시킨 후에, 약초를 넣은 것도 있다
캐피어 (Kefir)	양	우유	효모	러시아 연방 북코카서스 지방	0.6~1.1	중앙아시아 초원의 술 쿠미스(Koumiss)도, 마유를 원료로 만든 술. 술이라고 하기 보다는 요구르트에 가깝다
뉴나이주	증	마유, 산양유, 우유 등	효모	중국 서역의 초원지대	10	동물유를 발효시킨 후 증류한 술
바이주 (白酒)	증	고량을 주체로 하여, 보리 수수, 콩류 등	거미집 곰팡이, 효모	중국	30~70	중국의 증류주를 총괄하여 '바이주'라고 한다. 대표주로는 마오타이주, 펀주(汾酒), 우량주(五粮注), 배갈(白乾兒) 등
후앙주 (黃酒)	양	찹쌀, 보리, 밀	거미집 곰팡이, 효모, 드물게 세균(유산균)	중국	13~20	중국의 양조주를 총괄하여 '후앙주'라고 한다. 사오싱주(紹興酒)에 포함되는 지아환지우(加飯酒), 산니엔지우(善釀酒) 등이 대표적 후앙주로, 이 술들이 숙성하여 오래되면 라오주(老酒)라고 총칭한다

술의 명칭	종류	원료	발효 관여 미생물	생산국	알코올 도수(%)	비고
홍주(紅酒)	양	찹쌀 및 멥쌀	효모, 붉은 누룩 곰팡이	중국(타이완)	12~14	술이 만들어지기 직전에 미주(米酒, 미소주米燒酒)를 첨가하여 알코올을 20~23%로 한다
막걸리	양	찹쌀, 멥쌀, 밀가루	효모, 누룩곰팡이, 거미집 곰팡이, 털곰팡이	한국	5~14	물을 첨가해 알코올을 낮춘다
창(Chang)	양	멥쌀	거미집 곰팡이, 효모	부탄, 네팔, 티벳	3~4	이 술을 증류한 것이 로키시(Rokisi)다
청주	양	멥쌀	효모, 누룩곰팡이, 드물게 유산균	일본	15~23	누룩균이 생성한 당화효소와, 알코올 발효를 하는 효모로 인해 당화와 발효가 병행하여 일어난다. 세계의 양조주 중에서 가장 알코올 도수가 높은 술
소주	증	쌀, 보리, 메밀, 고구마, 옥수수, 감자, 술지게미, 흑당 등 여러 종류	누룩곰팡이, 효모	일본	20~45	갑류와 을류가 있다. 갑은 연속식 증류기에서, 을은 단식증류기에서 증류한 술. 오키나와현의 아와모리도 소주의 일종

◈ 알코올류의 발효공업

당을 효모로 발효시켜, 그것을 증류하면 에틸알코올이 생긴다. 서구와 미국 등에서는 맥아의 당화효소를, 동양에서는 곰팡이의 당화효소를 사용하여 원료 곡류에 포함된 전분을 분해하여 맥아당과 포도당을 얻어, 이것을 효모로 발효시켜 에틸알코올을 얻었다. 오늘날에는, 당밀에서 거듭 자당(蔗糖)을 회수하여 남은 폐당밀을 주원료로 삼아 효모로 발효하여 제당한다. 또, 석유화학 공업의 발달과 함께 에틸렌에서 합성하는 방법도 있지만, 그와 같은 합성 알코올은 용제와 화학공법의 원료에 사용되고, 양조물(釀造物)과 식품에 첨가된 것은 모두 발효법에 의해 만들어진 것이다.

발효법의 원료에는 폐당밀 외에 고구마, 감자, 보리류, 옥수수, 목재당화액 등이 사용된다. 폐당밀에는 이미 다량의 당이 함유되어 있기 때문에 그대로 발효할 수 있는데, 다른 곡류 원료는 전분을 당화한 후 포도당으로 만들어 발효해야만 한다. 그때, 누룩곰팡이의 아밀라아제를 사용하는 것이 '누룩곰팡이 당화법', 누룩곰팡이 이외의 곰팡이, 특히 당화력이 훌륭한 거미집곰팡이(Rhizopus javanicus, 리조퍼스 자바니커스)를 사용하는 것이 '아미로법'이다. 최근에는, 두 방법을 병용한 '아미로·액체국 절충법'이 주체가 된다.

또 당질원료로서, 제지공장의 펄프 폐액 중에는 약 3% 정도의 당이 포함되어 있기 때문에, 이것을 원료로 하는 곳도 있다. 알코올 증류는 오늘날, 정교한 최신식 정류탑이 달린 증류기에서 하는데, 알코올 발효용 효모는 특히 발효력이 뛰어난 *Saccharomyces formosensis*(사카로마이스 포모센시스)로 한다.

아류산소다의 존재하에서 당을 효모로 발효시키면, 글리세린(삼가알코올)이 생기는 것은 이미 3장에서 말했다. 현재는 거의 합성법에 의해 아세틸렌에서 만들어지고 있는데, 특수한 식품과 의약용을 위해, 발효법에 따라 글리세린을 생산하는 곳도 약간 있다. 또, 용제와 합성고무, 화학약품 제조의 원료에 사용되는 부탄디올(이가알코올)은 현재, 당류, 전분, 셀룰로스 등을 원료로 *Klebsiella pneumoniae*(크렙시엘라 뉴모니아)와 *Bacillus polymyxa*(바실러스 폴리믹사) 등에 의해 발효생산되고 있다. 그 외에 부탄올의 생산도 폐당밀의 발효에 적합한 *Clostridium saccharoacetobutylicum*(클로스트리디움 사카로아세토브틸리쿰)을 이용하고 있다.

또한, 일본의 전매 알코올 생산 메이커는 현재 117사이고, 총 생산량은 약 18만 킬로리터이다. 그 사용처는 화학공업 약 8만 킬로리터, 음식품공업 약 6만 킬로리터가 주이다. 그 외에 갑류 소주로서 약 33만 킬로리터가 출하되고 있다(1989년 기준).

발효식품산업

미생물을 이용하여 원료를 발효시키고 향미를 증진시키거나 보존성을 높이는 발효기호품은, 오랜 옛날부터 만들어져 온 음식에 대한 지혜이다. 세계에는 약 1000종을 넘는 발효식품이 있다고 하는데, 여기서는 몇 가지 대표적인 것을 언급하고 대략적으로 살펴보겠다.

◈ 빵

빵을 크게 나누면, 발효한 도우(dough, 곡물 가루에 물을 첨가해 반죽한 것)를 구운 것과 무발효인 채로 구운 것, 두 가지로 볼 수 있다.

전자인 발효빵의 발생은, 밀가루 먹는 법의 역사를 단계적으로 더듬어가면 잘 알 수 있다. 즉 약 1만 년 전에 우선 밀이 재배되어, 그것을 가루로 만들어 먹었는데(분식기粉食期), 다음 여기에 물을 더 해 죽 상태로 만들어 먹게 되었다(죽식기粥食期). 더 나아가 그 죽 상태의 것이, 뜨거운 재나 달군 돌에 흘러 구워지자 맛있고 식감이 좋았기 때문에, 이번에는 납작하게 구워서 먹기 시작했다. 그러는 사이에, 죽을 방치해 두었는데 효모가 침입해서 발효를 일으켰다. 이것을 구워 먹어보니, 그때까지와는 다른 풍미와, 게다가 소화가 더 잘 되는 좋은 빵이 만들어졌다. 이것이 오늘날의 빵이 발생하기까지의 역사 과정일 것이다.

메소포타미아에 지금부터 6000년 전에 납작하게 구운 빵이 있었다고 하고, 고대 이집트에서는 그 메소포타미아의 영향을 받아 중왕국 시대(기원전 22~기원전 18세기)에는 발효빵이 만들어졌다. 그 후, 발효빵은 유럽대륙에서 수천 년 동안 발전하여 지금에 이르렀다.

현재 우리들이 먹는 빵의 대부분은 유럽 스타일인데, 유라시아 대륙에는 많은 종류의 빵이 있다. 예를 들면 중국의 맥작지대에는 발효하여 찐 빵 '만터우(饅頭)'와, 무발효·발효의 양쪽이 혼재하는 '빙(餠)'이 있고, 인도와 파키스탄의 맥작지대(펀자브 지방)에는 무발효 구운 빵 '차파티'와 발효시킨 '난'이 있다.

이 난은 발효한 얇은 빵으로, 하룻밤 재운 얇은 도우를 고열의 아궁이 안쪽 벽에 붙여 굽는다. 이것으로 조리한 야채와 양고기 등을 싸서 두 번이나 네 번 접어 먹는데, 도우를 발효시켜 구워 먹는다는 점에서 유럽의 빵과 흡사하다.

중동에서는 난을 더욱 얇게 하여 철판에서 구운 '단나와', 아궁이 바닥에서 구운 '바라디'가 있고, 에티오피아에는 발효빵의 일종인 '인제라'가 있다. 이처럼 서쪽으로 갈수록 빵 만드는 방법과 종류는 풍부해져, 각각 민족의 식생활을 특징짓는다.

빵의 제조에 있어서, 효모에 의한 밀가루 발효의 목적을 정리해 보면, 우선 발효에 의해 빵에 특유의 풍미를 주는 것, 그리고 발효에서 생긴 탄산가스가 도우를 팽창시켜 빵의 조직에 가스를 머금게 하여, 빵 조직을 포라스 상태(기포를 머금은 상태)로 만들어 혀와 이에 닿을 때 특유의 느낌을 주는 것에 있다. 특히 발효시킨 후 구운 빵이 발효시키지 않고 구운 빵보다 향기 성분이 7배나 많다는 보고도 있는데, 구워진 빵의 향은 발효의 영향이 매우 크다. 그 발효의 주역인 효모는 *Saccharomyces cerevisiae*(사카로마이세스 세레비지애)로, 5~7미크론 정도의 계란형 효모이다. 오늘날에는 시중의 제과점과 슈퍼마켓에서도 쉽게 건조 빵효모를 손에 넣을 수 있는데, 1그램 중에는 약 140억 개의 효모 세포가 있고, 생활세포로서 활성화되고 있다.

◈ 발효유제품

인간은 다른 포유동물의 젖을 가로채서 먹고, 또 가공하여 먹는 유일한 포유동물이다. 그 최초의 젖은 지금부터 약 6000년 전, 중앙아시아에서 산양과 양으로부터 얻은 것이었다. 그 후 이집트에서 소의 젖을 마시게 됐는데, 이것은 보리 재배가 시작되어 농경문화가 정착된, 4000년이나 나중의 일이다. 벽화 등에서, 기원전 4000년~기원전 3500년에 메소포타미아에서 젖소 사육, 착유(搾乳), 유가공이 행해지고, 중앙아시아에서는 기원전 4000년~기원전 2000년에 치즈가 제조된 것으로 보인다.

그 후 터키, 그리스를 거쳐 서서히 유럽 전토에 치즈가 퍼져갔는데, 일본에서는 그보다 훨씬 뒤인 나라·헤이안 시대에 '낙(酪)'이라든가 '소(蘇)', '제호(醍醐)' 같은 유가공품이 만들어지기 시작했다. 하지만 일본에서 치즈가 본격적으로 발효생산된 것은 오히려 근세로, 1875년에 홋카이도에서 시작되었다.

치즈는 우유, 탈지유, 크림, 산양유 등을 원료로 하여, 여기에 유산균과 응집효소(렌넷)을 첨가해서 만들어진 응유(凝乳, 커드)에서 유장(乳漿, 웨이)을 제거한 것을 말한다. 렌넷은 송아지의 제4위에서 꺼낸 단백질 응고효소 레닌의 제제(製劑)로, 유산균 발효에 의해 생성된 유산의 존재하에서 젖의 응고를 촉진하는 역할을 한다. 전에는 송아지의 위에서 꺼냈는데, 1962년에 일본의 기술에 의해 털곰팡이의 일종인 *Mucor pusillus*(뮤코르 푸실루스)가 레닌과 같은 성질의 응유효소를 생성한다는 사실을 발견하여, '미생물 렌넷'으로 실용화되었다.

치즈의 제조법을 간단히 살펴보면, '원유 살균→냉각→여과→유산균 스타터 첨가→렌넷 첨가→커드 알갱이 형성과 웨이의 배제→커드 파쇄와 가염(加鹽)→틀에 넣음·압착→숙성'의 공정이다. 마지막 숙성할 때, 스타터(종균)의 유산균이 번식하여, 치즈에 특유의 향미를 낸다.

또한 치즈의 종류에 따라서는, 숙성에 유산균 이외의 미생물이 관여하는 것도 있다. 예를 들면 프랑스 원산의 카망베르 치즈나, 남프랑스의 로크포르 마을 원산의 로크포르 치즈는 푸른곰팡이의 일종인 *Penicillium camemberti*(페니실리움 카망베티), *P. roqueforti*(로큐포티)를, 또 스위스의 에멘탈 원산의 에멘탈 치즈는 유산균 외에 프로피온산균을 사용하여, 특유의 향과 맛을 내고 있다. 치즈는 현재 일본에서 약 2만 톤이 생산되고 있는데, 그 4배의 양을 오스트리아, 뉴질랜드, 덴마크, 네덜란드 등에서 수입하고 있다(1989년 기준).

버터는 우유에서 크림(지방 함유율 30~35%)을 분리한 후 휘저어, 지방입자를 감싼 막을 파괴하고, 노출된 지방입자를 서로 부착시켜 굳힌 것이다. 원료인 크림을 발효시키지 않은 것(일본 버터의 대부분은 이 타입이다)과, 유산균으로 발효시킨 것(유럽, 미국에는 많다), 두 타입의 버터가 있다. 발효에 사용되는 유산균은 *Streptococcus lactis*(스트렙토코쿠스 락티스)와 *Leuconostoc citrovorum*(류코노스토크 시트로보룸)이 주다. 유럽공동체, 미국, 오세아니아, 일본에서 생산되

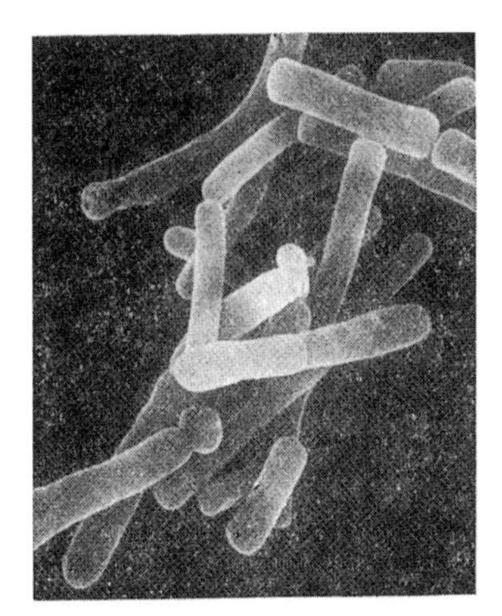

요구르트를 만드는 유산균

는 버터의 양은 연간 약 280만 톤인데, 그중 일본은 6만 5천 톤(약 1.3%)이다(1989년 기준).

요구르트는 원료유에 유산균을 접종하여 발효시켜, 유산에 의해 젖의 단백질을 응고시킨 후, 그 커드를 푸딩 모양으로 한 것이다. 역사적으로는 발칸지방, 중근동 등에서 발달해왔는데, 20세기 초에 불가리아의 메치니코프가 '불로장수의 효능이 있다'고 주장하고 나서 급속하게 세계로 널리 퍼졌다.

발효육

고기를 미생물로 발효시켜 향미를 주고 동시에 방부 효과를 높여 오래 보존할 수 있게 하는 발효육의 제조는 오래 전부터 유럽에서 해왔다. 그중에서도 유명한 것은 살라미 소시지, 주어 소시지, 페퍼로니 소시지 등의 드라이 소시지와 튀링겐 소시지, 실버라도 소시지, 모르타델라 소시지 등의 세미드라이 소시지이다. 또, 스카치 햄, 베스트팔렌 햄, 스미스필드 햄, 프로슈드 햄과 같이, 말하자면 컨트리 햄 종류에도, 발효시켜 특유의 풍미를 준 것이 많다.

드라이 소시지의 경우, 커링(curing, 소금에 절임)한 소나 돼지의 거칠게 간 고기에 식염과 향신료를 첨가하여 소의 대장에 채우고, 장기간(1~3개월) 숙성, 건조시킨다. 이렇게 함으로써, 수분함량이 35% 이하가 되어 상대적으로 식염 농도가 증가하는데, 그 사이에 유산균에 의한 유산발효가 일어나 수소 이온 농도(pH)가 저하한다. 그 때문에 오염균의 증식이 억제되어 장기 보존이 가능해지는 데다가, 제품에 유산을 주체로 한 깊이 있는 풍미를 축적할 수 있게 된다.

드라이 소시지와 컨트리 햄은 그 제조과정에서 전혀 가열처리가 없기 때문에, 유해한 부패균에 의한 오염은 반드시 일어나는데, 이러한 발효로 오염을 완전히 막고 있다. 예전에는 커링 기간을 길게 하여, 자연스럽게 들어온 유산균으로 발효시켰는데, 지금은 많은 경우, 피클(소금물)과 거칠게 간 고기에 *Micrococcus*(마이크로코쿠스)속의 질산환원세균과 *Lactobacillus*(락토바실러스)속과 *Pediococcus*(페디오코쿠스)속의 유산균을 배양한 스타터가 첨가되어 있다.

이 발효균의 첨가는 *Achromobacter*(아크로모백터), *Proteus*(프로테우스), *Aerobacter*(에어로백터), *Pseudomonas*(슈드모나스) 등의 부패균과 악변균(惡變菌)의 생육을 억제함과 동시에, 커링 시 고기를 선색고정(鮮色固定)하기 위해 첨가된 질산염과 아질산염의 잔존량을 저하시키고, 풍미 물질도 더해져 더욱 장기 보존할 수 있게 되는 등 많은 이점이 있다.

또, 유럽의 시골에 가면, 드라이 소시지나 커다란 고깃덩어리 햄의 외피에 푸른곰팡이 *Penicillium*(페니실리움)속을 식균(植菌)한 것을 볼 수 있는데, 이것은 발효에 의한 풍미물질의 축적과 보존을 위해서다.

◈ 채소 절임

일본의 채소 절임에는 매실 장아찌와 생강 절임처럼 미생물의 관여가 없는 무발효 절임과, 무 누카 절임, 오이나 가지 절임처럼 미생물이 관여한 발효 절임, 그리고 고우지즈케(麹漬. 생선, 야채, 육류 등을 소금과 누룩에 담가 만든 절임-역주)와 된장 절임, 술지게미 절임, 다마리즈케(溜漬, 채소를 간장이나 된장 등에 담가 만든 절임-역주)처럼 발효생산물을 이용하는 2차 가공적 절임의 세 종류가 있다. 옛날부터 일본은 절임의 왕국이지만 이에 대해서는 나중에 이야기하고, 일단 일본을 제외한 다른 나라 특산의 유명한 발효 절임에 대해서 말해두겠다.

독일어로 '신 양배추'라는 의미를 가진 '사우워크라우트(Sauerkraut)'는 영어 이름 샤워크라우트로 유명하다. 독일에서 시작되어 서서히 구미에 보급된 이 절임 제법은, 씻은 양배추를 잘게 썰어

2~3일 그늘에서 말린 후, 여기에 소금을 뿌려가며 발효 탱크에 담는다. 그 위에 무거운 돌을 올리고 1개월 정도 발효시키면, 그동안에 유산균이 발효를 일으켜, 산미가 강한 절임이 만들어진다. 그 유산량은 1.5~2%나 되어, 고기와 기름 요리를 많이 섭취하는 구미식에 잘 어울리는 발효야채가 만들어진다.

이 절임 제법과 비슷한 것이 피클(pickles)이다. 덜 익은 작은 오이, 파란 토마토, 작은 양파 등의 채소를 소금에 절여, 이것을 유산발효하여 만든다. 피클에는 딜 피클(dill pickles)처럼 식염수, 절인 딜, 식초, 몇 종의 향신료로 담은, 일본에 잘 알려진 것도 있다.

중국 사천성의 특산물이자, 중국을 대표하는 발효 절임이 자차이(榨菜)다. 자차이는 겨자의 한 종류인 개채의 뿌리를 원료로 하여, 우선 잎을 제거하고 나서 줄기를 가로세로 4개로 나눠 햇볕에 충분히 건조한다. 여기에 바이주(소주)를 뿌리면서, 8% 정도의 식염으로 일주일 정도 절여 밑간을 한다. 본격적으로는 밑간 때의 발효 국물에 향신료를 첨가하고, 여기에 다시 소금을 5% 정도 첨가한 후 절여, 일 년 정도 발효, 숙성시켜 제품으로 만든다. 주로 유산균, 낙산균 등이 발효에 활용된다. 그대로 먹는 것 외에 기름에 볶거나 삶거나 죽 등에 넣어도 향미를 즐길 수 있다.

한국의 대표적 발효 절임이라고 하면 뭐니 뭐니 해도 김치일 것이다. 배추를 주원료로 하는데, 이것을 4쪽으로 나눠, 2~3%의 소금물에 담가 누름돌로 누른 후 하룻밤 재워 밑간을 한다. 본격적인 양념은 고춧가루, 마늘 간 것, 생강즙, 멸치액젓이나 새우액젓

(예를 들면 젓갈 1에 대해서 물 5의 비율로 끓여 거른 것) 등을 섞고, 식염을 적당히 첨가해 만든다. 이 양념에 절인 채소를 버무려 누름돌로 눌러 두면, 주로 유산균과 효모에 의해 발효하여, 3일 정도 지나면 먹을 수 있다. 각 가정에 따라 김치 담는 재료나 방법에는 비전(祕傳)이 있어서, 말린 오징어나 조개 국물까지 더한 것도 있다.

이 외에 동남아시아나 남미 등에도 가지각색의 발효 절임이 있는데, 저마다의 민족 문화를 풍성하게 한다.

다음으로, 일본의 발효 절임에 대해서 말하겠다. 일본은 그야말로 절임 왕국이다. 조몬 시대에 이미 채소를 소금에 절인 간단한 것이 있었고, 벼농사가 들어온 야요이 시대에도 여러 종류의 절임을 먹었다. 나라 시대(나라가 수도였던 시대. 710~794년-역주)에는 더욱 다양한 절임이 만들어졌다. 그리고 헤이안 시대의 『엔기시키』 제39권을 보면, 냉이, 고사리, 미나리, 엉겅퀴, 감제풀, 머위 등 봄 채소 절임 14종과 오이, 무, 가지, 양하 등 가을 채소 절임 35종(어느 것이나 다 소금, 된장, 간장, 술지게미에 담은 것)이 기재되어 있다.

이처럼 일본이 오랜 역사가 만들어낸 전통 있는 절임의 나라가 된 이유는, 된장, 간장, 누룩, 술지게미, 쌀겨 같은 다양한 재료가 있었던 것과 그에 맞는 야채나 어패류 등을 참으로 다양하게 손에 넣기 쉬운 환경에 있었기 때문이다.

일본의 절임 중 미생물의 발효를 가장 많이 받은 것은, 누카 절임(누카미소 절임이나 단무지 절임 등)과 소금 절임(푸성귀류, 가지, 무, 오이, 순무 등)이다. 이들 절임의 발효에 관여하는 미생물은, 주로 유산균을

오사카 기리즈케(切漬, 무 오이 등을 잘라서 절인 것-역주)를 담다(『시키쓰게모노시오카겐四季漬物塩嘉言』에서).

중심으로 하는 내염성 세균군과 내염성을 가진 효모군이다. 세균군은 유기산류와 알데히드류, 유황화합물 등을 생성하기 때문에 절임에 특유의 향미를 주고, 그중에서도 유기산 생성은 절임의 수소 이온 농도를 저하시키고, 방부력을 높여 보존 기간을 길게 하는 효과를 가져온다. 효모군은 알코올과 방향성 에스테르를 생성하여 제품에 향미를 주는 역할을 한다.

일본의 발효 절임은 그 종류가 매우 많은데, 모두 민족의 지혜와 발상이 담겨 있다. 뭐니 뭐니 해도 최고는 누카미소 절임일 테니, 여기서는 그것을 발효 절임의 대표 선수로 삼아, 거기에 담긴 이치에 맞는 지혜를 살펴보자.

누카미소는 미생물 덩어리라고 봐도 좋다. 아주 조금, 그러니까 1그램 정도의 엄지손가락 손톱 정도 안에, 일본 전 인구의 2배인 3억이라는 수의 유산균과 낙산균, 효모가 북적거리며 생활하고 있다. 그처럼 발효미생물이 많은 이유는, 누카미소의 원료가 되는 쌀겨에 미생물에게 더없이 풍부한 영양원이 포함되어 있기 때문이다. 탄수화물과 단백질은 물론, 지질, 무기질, 비타민 등도 놀랄 정도로 많이 존재하기 때문에, 발효미생물이 활발하게 활동하여 누카미소라는 특유의 발효 쓰게도코(漬け床, 재료를 절일 때 사용하는 것-역주)가 만들어지는 것이다.

누카미소 절임의 첫 번째 지혜는, 발효한 누카에 채소를 절여, 발효에 의해 만들어진 다양한 성분을 거기에 침투시켜서 풍부한 풍미의 채소를 만드는 것이다. 절이기 전의 무와, 절여 발효시킨 단무지 절임을 비교해보면 그 차이를 잘 알 수 있다.

두 번째는 누카에 있던 풍부한 미량의 영양소, 특히 비타민류와 무기질류가 절임 속에 흡착되어 옮겨가고, 더 나아가 발효에 의해 생산된 비타민류도 거기에 더해져, 영양적으로도 상당한 가치를 가진 발효기호품이 되는 것이다. 그렇지 않더라도 소박한 옛날의 식생활에 있어서, 이 누카 절임은 많은 일본인에게 귀중한 영양을 보급해왔다.

누카미소 절임의 세 번째 지혜는, 이 쓰게도코는 연속 발효가 가능하기 때문에 매우 편리한 방법으로 누카미소를 잘 손질하여 발효 관리를 해두면, 계속해서 절임을 먹을 수 있다는 것이다. 그 능

숙한 손질법이란 (1)채소를 내고 들일 때, 반드시 누카미소를 위아래로 뒤섞어 공기를 넣는다, (2)채소에서 나온 수분으로 누카미소가 묽어지면, 소쿠리를 누카미소에 밀어넣어 올라온 물을 떠내고, 거기에 새로운 쌀겨와 식염을 보급하여 원래대로 되돌린다, (3)가끔 마시다 남은 맥주나 술, 요리하다 남은 술지게미와 다시마 등을 넣어 풍미를 좋게 하는 등이다.

또한 최초의 누카미소를 잘 만드는 방법으로, 필자의 경우, 쌀겨 1킬로그램에, 식염 80그램, 물 700밀리리터의 비율로 반죽하여, 용기에 넣고 뚜껑을 꼭 닫는다. 하루에 한 번 휘저으며 일주일 정도 발효시킨다. 쌀겨는 새로운 것일수록 좋고, 또 쌀겨의 반은 냄비에 볶으면 풍미가 좋아진다. 일본의 최근 절임류 생산량은 간장 절임 33만 톤, 누카즈게 28만 톤, 하룻밤 절임 20만 톤, 소금 절임 12만 톤, 초 절임 6만 톤, 술지게미 절임 4만 톤, 된장 절임 2만 톤(모두 추계, 1989년 기준)이다.

◈ 식초

식초의 영어 이름 vinegar는 프랑스어로는 vin aigre', 즉 '신 포도주'가 어원이다.

이것으로도 알 수 있듯이, 술의 알코올이 초산균으로 산화 발효되면 식초가 되는데, 대부분의 발효가 포도당을 기점으로 하는 것에 비해, 초산균은 발효물인 에틸알코올에 작용하는 것이 재미있

식초 만들기 (『시치주이치방쇼쿠닌우타아와세 · 하권』에서).

다.

공기 중에는 무수한 초산균이 있기 때문에, 술의 보관을 조금 소홀히 하는 것만으로 식초가 되는 일도 예전에는 적지 않았다.

오늘날에는 전 세계 곳곳에서 식초가 공업 생산되고 있고, 다양한 종류의 식초가 시장을 떠들썩하게 하고 있다. 현재, 가장 많이 제조되고 있는 식초는 알코올초로, 대표적인 초산균인 Acetobacteraceti(아세토박터아세티)로 알코올을 산화시켜, 아세트알데히드를 거쳐 초산(초)를 발효생산한다.

$$C_2H_5 \cdot OH \xrightarrow[\text{(산화)}]{-2H} CH_3 \cdot CHO \xrightarrow[\text{(산화)}]{+O} CH_3 \cdot COOH$$

에틸알코올　　아세트알데히드　　초산

초산의 공업적 발효법은, 발효탑에 의한 속양법(速釀法)이 유명한데, 알코올 10%의 원료로는 8~9일간의 발효에 의해 모두 초산으로 변해버린다. 이 방법보다도 더욱 발효 효율을 높이고, 발효시간을 현저히 단축시킨 것이 심부배양법이다. 발효 탱크 중심부에 있는 회전익을 회전시켜 무균 공기 거품을 만든 후 거기에 알코올을 포함한 발효액을 잘 섞어 초산균의 산화 발효를 촉진시키는 방법이다.

알코올초에 이어 많은 것은 유럽을 중심으로 많이 보이는 맥아초와 과실초이다. 맥아초는 미국에서도 다량으로 생산되고 있는데, 보리, 밀, 옥수수 등의 전분원료를 맥아로 당화하여 맥아당을 만들고 이것을 효모로 알코올 발효시킨 후 초산균으로 발효시켜 만든다. 또 과실초는 포도나 사과를 효모로 발효시켜 과실주로 만든 후 이것을 초산균으로 발효시켜 제품을 얻는다. 과실의 향미가 초에 직접 반영되어 격조 높은 초가 된다.

일본 식초의 대표적인 것은 쌀식초로, 나라 시대에 이미 만들어진 매우 오랜 전통을 가진 식초이다. 찐 흰쌀에 누룩을 첨가해 당화하고, 이것을 효모로 발효시켜 일단 식초를 만든 후에, 종자 식초(초산균을 순수하게 길러낸 것)를 첨가해 초산 발효시킨다. 또, 술지게미에는 5~7%의 에틸알코올이 포함되어 있으므로, 이것을 초산균으로 발효시켜 만드는 술지게미 식초도 일본인의 기호에 맞는 식초이다.

식초는 일본의 식탁에 있어서, 예전부터 식초로 조미한 요리나 식초 절임, 초밥, 초간장 등 빼놓을 수 없다. 근래, 사람들이 식초의 효능을 외치고 있고, 또 생활양식이 서양화됨에 따라 마요네즈나 드레싱 같은 조미료의 수요가 증가하는 경향도 있어서, 오늘날에는 중요한 발효 기호물의 하나로서 식탁에 얼굴을 내밀고 있다. 또한 일본의 식초 생산 메이커는 약 500개 있고, 생산 총량은 약 36만 킬로리터로, 국민 1인당 연간 소비량은 약 3리터이다(1989년 기준).

◈ 간장

간장의 기원도 오래되었다. 그 원점은 중국과 동남아시아라고 하는데 정설은 아니다. 하지만 그 원형인 '히시오'는 약 2000년 전인 야요이문화 시대부터 야마토(大和) 시대(야마토를 중심으로 3세기 말부터 7세기 중엽까지 일본 영토의 대부분을 지배한 일본 최초의 통일정권을 이루었던 시대-역주)에 걸쳐 일본에 전래했다고 한다. 긴메이(欽明) 천황 시대(552년)에 불교가 전래되어, 육식을 꺼리는 풍조가 생기자 채식에 절호의 맛을 내기 위해 간장을 발전시켜 헤이안 시대에는 널리 일반에게까지 보급되었다.

당시, 곡물을 원료로 한 것은 '곡물 히시오', 고기를 원료로 한 것을 '고기 히시오', 생선을 사용한 것을 '생선 히시오'라고 구별했는데, 그중에서도 '생선 히시오'가 가장 보급되었다. 이것으로 생각해보면, 아마도 최초의 간장은 오늘날에도 중국 남부나 동남아시아에서 볼 수 있는 '새우장(蝦醬)'이나 '어장(魚醬)'과 비슷한 어패류

젓갈처럼, 발효물로서 전해졌을 것이다. 그 후, 긴 세월에 걸쳐 이 나라의 풍토, 기후에 맞는 재료와 발효균의 선택, 발효법 등이 경험적으로 고안되어, 독자적으로 일본인의 간장이 만들어졌다고 봐도 좋다.

그 증거로 일본의 간장은, 일본의 기후 풍토에 적합한 간장용 누룩곰팡이로 예전부터 양조되어왔다. 이 누룩곰팡이는 식물단백질을 몹시 잘 분해하는 단백질 분해효소를 가지고 있어, 감칠맛의 주성분인 아미노산을 다량 생성하는 성질을 가지고 있기 때문에, 간장과 된장 담그기에 그야말로 합당한 균의 선택이었다.

간장이 만들어지는 발효과정에서는, 누룩곰팡이, 효모, 유산균의 3대 미생물이 절묘한 연계 플레이로 발효하고 있는 것을 잘 알 수 있다. 찐 대두와 볶은 밀을 종국과 함께 혼합하여, 이것을 누룩 배양실에서 누룩을 만들면, 누룩곰팡이가 번식하여 우선 간장 누룩이 만들어진다. 이 누룩 안에는 누룩곰팡이가 생성한 단백질 분해 효소가 많이 포함되어 있고, 아직 거르지 않은 상태에서 발효할 때, 원료 단백질은 분해되고 아미노산은 축적된다. 다음으로 이 누룩과 식염과 물을 통에 배합하여 거르기 전의 간장을 만드는데, 이 거르기 전의 간장에서는 주로 누룩에 부착되어 있던 내염성 효모나 내염성 유산균이 번식하여 발효가 일어난다. 약 1년간 발효·숙성을 하는 동안, 이 미생물들은 알코올과 에스테르류, 유기산류 등을 축적하여 특유의 향미를 지닌 간장이 완성되는 것이다.

이 거르기 전의 간장에는 18% 고농도의 식염(염화나트륨)을 함유

에도의 간장 파는 사람(『에도상업도회江戸商売図会』에서).

하기 때문에, 거의 미생물은 생육할 수 없어, 내염성이 강한 발효 미생물만이 활동하게 된다. 오늘날에는, 미리 순수하게 배양한 내염성 효모와 내염성 유산균을 거르기 전의 간장을 만들 때 첨가한다.

일본의 간장은 중국의 장(醬), 한반도의 간장(艮醬), 동남아시아에서 볼 수 있는 타이의 남프라, 필리핀의 파티스, 베트남의 뇨쿠맘 같은 간장류와는 원료와 제조법, 발효미생물, 품질, 먹는 법 등이 매우 다르다. 따라서 처음에는 대륙에서 전래되었다고 해도, 오늘날 일본의 간장은 이미 대륙의 것과는 크게 달라서 일본 독자적인 것이라고 생각해도 좋다.

오늘날, 일본에는 간장 제조 메이커가 2500개나 있다. 연간 제조량은 118만 킬로리터로, 이 수치는 일본인 한 명당 연간 10리터의 소비량에 해당한다. 1972년에 일본의 키코만이 미국에서 본양조 진간장의 제조를 시작했는데, 연간 약 3만 킬로리터에 달한다. 또 일본에서 전 세계로 수출하는 양은 약 1만 킬로리터이다(1989년 기준). 간장은 앞으로 세계를 제패할 조미료로서 그 발전이 기대되고 있다.

된장

된장은 콩과 쌀누룩을 식염 존재하에서 고체 상태로 발효시킨 것이다. 여기에 건더기를 넣어 된장국으로 만들어 이번에는 탁한 액체 상태로 마시는데 세계의 식문화에서 보면 매우 드물고 흥미로운 발효기호물이다. 『다이호료』(701년)에 의하면, '대선식(大膳食)'에 未醬(미쇼)라는 글자가 등장하는데, 이것이 미쇼(未醬)→미소(未曾)→미소(味噌, 한국어로 된장-역주)가 됐을 거라 여겨지고 있다. '噌'이라는 글자가 일본에서 만들어졌다는 사실에서 생각하면, 된장의 원형은 대륙이지만, 이 시대에 이미 일본 독자적인 것으로 다시 만들어져 사람들이 즐겨 먹고 있었을 것이다.

이 기호식품만큼, 생산지와 소비지가 깊이 밀착되어 발전해온 것도 드물다. 된장의 종류를 분류해보면, 명칭 앞에 생산지명을

에도 된장 가게 (『에도상업도회』에서).

된장의 종류와 원료

분류	종류	주요 된장명	원료 및 누룩
원료에 의한 분류	쌀 된장	신슈(信州) 된장, 센다이(仙台) 된장, 쿄(京) 된장, 에치고(越後) 된장 등	쌀누룩, 콩
	보리 된장	보리 된장, 시골 된장 등	보리누룩, 콩
	콩 된장	핫쵸(八丁) 된장, 다마리(溜) 된장 등	콩누룩 만
맛에 의한 분류	단 된장	사이쿄(西京) 된장, 후추(府中) 된장, 에도 미소 등	쌀누룩, 콩
	덜 짠 된장	아이지로(相白) 된장	쌀누룩, 콩
	짠 된장	센다이 된장, 쓰가루(津軽) 된장, 사도(佐渡) 된장, 신슈 된장, 핫쵸 된장 등	쌀누룩, 콩
색에 의한 분류	붉은 된장	사이쿄 된장 이외의 된장	쌀누룩, 콩
	흰 된장	사이쿄 된장	쌀누룩, 콩

그대로 붙인 것이 압도적으로 많은 것을 봐도 잘 알 수 있다. 이처럼 각 지방마다 점재하는 된장은, 그곳의 기후와 풍토, 농산물, 그 토지 사람들의 기호성 등에 따라 맛과 색조의 방향이 정해진다고 봐도 좋다.

된장에 함유되어 있는 단백질은 보리 된장이 10%, 콩 된장이 18% 전후로 풍부하여, 옛날부터 쌀과 감자 등을 주식으로 해온 전분 주식형 민족인 일본인에게 있어 귀중한 단백질원이었다. 그중에서도 단백질을 구성하는 아미노산은 리진, 티로신 같은 필수 아미노산이 많고, 또 소박하게 먹는 일본인에게 부족한 비타민류와 무기염류도 풍부하게 함유하고 있기 때문에, 영양면에서도 많이 도움을 주었다. 발효에 의해 생긴 인지질도 비교적 많이 함유하고 있는데, 이것은 세포의 작용에 활력을 주는 성분으로서 최근 주목받는 것으로, 된장 중에는 아직 잘 해명되지 않은, 이러한 유효성분이 매우 많다고 한다.

현재 된장 생산 메이커는 약 1500개로, 그 총생산량은 약 60만 톤, 그중 쌀 된장이 약 80%를 차지하고, 보리 된장 및 콩 된장이 각각 10%를 차지하고 있다. 그 외에 각 가정에서 자급자족하는 된장이 약 6만 톤이다. 수출량 약 2000톤으로 주요 수출국은 미국, 타이완, 싱가포르, 영국, 캐나다, 오스트레일리아 등이다. 된장의 매출은 연간 약 1500억 엔으로, 그중 즉석 된장국은 약 200억 엔이다(1989년 기준).

된장에는 그대로 먹을 수 있는 날된장이라는 오래전부터의 반찬

된장이 있다. 이 날된장에는, 보통 된장에 건더기를 섞어 만든 가공 날된장과 미생물의 힘을 교묘히 응용하여 담은 발효 날된장이 있다. 전자에는 도미 된장, 굴 된장, 유자 된장, 파 된장, 뎃카 된장(볶은 콩, 우엉, 연근 등을 섞어 참기름에 볶은 된장-역주), 새우 된장, 시구레 된장(양파, 당근, 우엉, 연근을 잘게 썰어 볶아 끓인 후 생강을 첨가한 된장-역주), 머위 된장, 참깨 된장, 호두 된장 등이 있는데, 술안주나 절임, 밥반찬으로 귀중히 쓰이고 있다.

후자의 대표는 긴잔지(径山寺. 金山寺라고도 쓴다) 된장으로, 콩 한 말을 볶아 맷돌로 갈아, 보리 한 말을 섞은 후 찜통에 쪄서 여기에 누룩곰팡이를 피게 하여 누룩을 만든다. 이 누룩을 월과, 대마 열매, 차조기, 생강 등을 잘게 썬 것에 소금을 첨가하여, 8~10개월 정도 효모와 유산균으로 발효시킨 것이다. 이 외에 발효 날된장에는 들새 된장처럼 산비둘기, 메추라기, 산새, 개똥지빠귀 등의 들새 고기를 잘게 썰고, 누룩, 미림, 소금에 절여 발효시킨 것과, 가다랑어 살을 적당하게 자른 것 한 말에 누룩, 소금, 김으로 쪄서 익힌 콩을 섞어서 절구에 빻은 후 통에 담아 2개월 정도 발효시킨 가다랑어 된장 등, 독특한 것이 많다.

◈ 낫토

낫토라고 해도, 정확하게 말하면 일본에는 타입이 다른 2종류의 낫토가 있다. 그 하나는 절낫토(절에서 만든 낫토-역주)라고 불리는 '짠 낫토', 또 하나는 우리들이 평소에 밥에 얹어 먹는 '실처럼 늘어나는 낫토'로, 모두 명백한 발효식품이다.

실처럼 늘어나지 않는 짠 낫토가 오랜 역사를 가지고 있는데, 그 원형은 대륙에서 전해졌다고 여겨진다. 나라 시대 이미 궁내성(宮內省, 궁중의 사무를 관장하던 관청-역주)의 대선직(大膳職, 궁내성에 소속되어, 궁중의 회식 요리 등을 관장한 관청-역주)에서 만들어진 콩의 소금 절임 발효식품인 '구키(豉)'는 이 낫토를 말하는 것이다. 교토에서는 다이토쿠지(大德寺), 덴류지(天龍寺) 같은 사원에서 만드는 경우가 많았기 때문에 절낫토라고도 불렀다. 나중에 하마나(浜名) 호반의 다이후쿠지(大福寺)에서도 만들어져, 그것이 유명해졌기 때문에 하마낫토로서 세상에 알려졌다.

그 제조법은 삶은 대두에 누룩균을 번식시켜 콩누룩을 만들고, 이것을 소금물에 담가 3~4개월 방치해, 주로 내염성의 효모와 유산균으로 발효시킨 후, 이를 평평한 곳에 펴서 바람을 쐬어 건조시킨 것이다. 이 절낫토 한 알 한 알에는 놀라울 정도의 단백질이 포함되어 있는 데다가, 비타민과 미네랄이라는 미량의 영양소가 풍부하고 즉석 부식물(副食物)로서 오래 보존할 수 있어, 그야말로 이상적인 발효식품이었다.

실처럼 늘어나는 낫토는, 절낫토와는 제조법이 전혀 다르다. 대두를 삶아, 이것을 볏짚으로 싼 뒤 따뜻하게 하면, 볏짚 안에 생식하고 있던 낫토균이 대두에서 맹렬히 번식하여, 그 특유의 냄새를 가진 끈적끈적한 낫토가 만들어진다. 오늘날에는 볏짚으로 싸는 경우는 적고, 배양한 낫토균을 첨가하여 대규모로 만드는데, 이 실처럼 늘어나는 낫토는 지금부터 1000년 전에 만들어진 지혜의 식품이다.

삶았을 뿐인 대두에 비해, 낫토균의 번식에 의해 실처럼 늘어나는 낫토에는 비타민B2가 5~10배 증가한다(일반적으로 곰팡이와 세균, 즉 발효미생물의 공통점은 발효 중에 여러 종류의 비타민을 생산하여 균체 내에 분비하는 현상이다). 이 외에 비타민B1, B6, 니코틴산도 크게 늘고, 또 풍부한 단백질도 서로 어울려 영양가치가 큰 식품이 만들어진다. 더 나아가 삶은 대두보다는 낫토가 훨씬 체내에서 빨리 소화 흡수 되는 등 그렇지 않아도 소박하게 먹는 일본인에게는 좋은 자양 식품으로 소중히 여겨져 왔다.

실처럼 늘어나는 낫토가 일본인의 식사에 딱 맞는 큰 이유는, 일본인의 식사 형태와 매우 잘 어울렸기 때문이기도 하다. 일본인은 주식인 쌀을 그대로 끓여 먹는 입식주식형(粒食主食型) 민족인 것에 비해, 서구처럼 밀을 가루로 만든 뒤 구워서 먹는 민족은 분식주식형(粉食主食型) 민족이다. 이 식태계에서 보면 낫토는 완전한 입식형 식품으로, 주식인 쌀알에 역시 입식 부식물인 낫토를 얹어 먹는 것이므로, 아무런 저항도 없이 이치에 맞는 맛을 즐길 수 있는 것이다. 빵이나 스파게티에 낫토을 얹어 먹어도 맛있지 않는 것은 이 때문이다. 게다가 검소하고 빨리 먹는 일본인에게는 이 조합이 꼭 맞아, 밥에 낫토를 얹어 먹을 때 미끄러워 잘 씹지 않고 삼켜도 그렇게 걱정은 없다. 실처럼 늘어나는 낫토에는, 전분과 단백질 등을 분해하는 소화효소가 풍부하게 함유되어 있기(발효 중에 낫토균이 분비해준다) 때문에, 참으로 안성맞춤이다.

실처럼 늘어나는 낫토의 발생에 대해서 나카오 사스케(中尾佐助) 박사는 그의 저서 『요리의 기원』(NHK북스)에서 다음과 같이 말한다.

> 자바섬에서는 곰팡이 발효 낫토를 템페라고 부르고, 또 히말라야 산중의 동네팔, 시킴, 부탄 등 여러 나라에서는 일본의 실처럼 늘어나는 낫토와 똑같은 키네마라는 것과 그 건조품도 있다. 일본, 히말라야, 자바에 낫토가 존재하는 것은 우연의 일치가 아니다.

히말라야, 자바, 일본을 묶어, 그 범위 안의 지역을 '낫토 대삼각형'이라고 부른다는 사실은 알려져 있다.

이 설에 대해서, 낫토에는 다이토쿠지 낫토처럼 누룩곰팡이로 만드는 것과, 템페처럼 거미집곰팡이로 만든 것, 실처럼 늘어나는 낫토처럼 세균인 낫토균으로 만드는 등 실로 다양한 것이 있다. 각각 전혀 다른 낫토 문화에서 성장한 것을 선으로 이어 낫토권으로 일괄해버리는 것에 반론을 제기하는 학설도 적지 않다.

이 실처럼 늘어나는 낫토를 일본인이 만든 것은 무로마치 시대 중기라고 여겨진다. 당시의 『정진 어류 이야기(精進魚類物語)』에는, 낫토노타로이토시게(納豆太郎糸重)라는 무사가 등장하여 활약한다. 에도 시대(도쿠가와德川 씨가 에도에서 일본을 통치하던 시대. 1603~1868년-역주) 에 들어오면, 실처럼 늘어나는 낫토를 파는 사람이 에도 거리를 아침 일찍부터 소리를 지르며 팔러 돌아다니는 등 서민들에게 있어 소중한 맛이 되어 있었다. 이 무렵부터 아침 식사에는 된장국과 낫토라는, 대두로 만든 2대 발효식품을 섭취하는 하나의 식사 패턴이 만들어졌는데, 이것은 영양학상 대두를 고도로 이용한 것으로 해외에서는 유례가 없는 지혜로서, 외국의 연구자로부터 칭찬받은 조합이다. 이 실처럼 늘어나는 낫토는 오늘날, 일본 서민의 맛으로서 연간 약 20만 톤 가까이 생산되고 있다(1989년 기준).

낫토의 끈적끈적한 물질은, 아미노산의 일종인 글루타민산이 폴리펩티드와 결합하고 여기에 과당의 중합체가 결합된 복잡한 것인데, 낫토에는 2%나 함유되어 있다. 그런데 낫토균이 왜 이와 같은 끈적끈적한 물질을 생산하는지에 대해서는 아직 잘 모른다.

또한, 낫토의 원료인 대두에는 몹시 많은 전승, 민속, 식풍습 등이 있다. 예를 들어 2월의 세쓰분(節分, 입춘 전날. 이날 저녁, 볶은 콩을 뿌려 잡귀를 쫓는 풍습이 있음-역주)의 '콩 뿌리기', 경사스러운 날에 먹는 음식인 '마메시토기(쌀가루에 으깬 콩을 섞어 만든 떡-역주)', 첫 번째 우노히(卯日, 토끼날)에 먹는 '콩 조림' 등인데, 하지만 이것을 낫토균으로 발효시켜 낫토로 가공하면, 그러한 식풍습이 완전히 없어지는 것도 재미있다.

인도네시아의 템페는 처음 자바섬에서 늘 먹던 음식인데, 영양 확보를 위해 인도네시아 각지로 퍼진 전통 발효식품이다. 대두를 찐 후 틀에 넣고, 거미집곰팡이로 30도씨, 3일간 발효시킨 것으로, 완성된 것은 표면이 카망베르 치즈처럼 거미집곰팡이의 균사로 둘러싸여 있다. 발효 중에 유리불포화 지방산이 급증하고, 또 비타민류도 큰 폭으로 증가하여, 영양가가 매우 높은 식품이 된다. 템페는 생으로 먹지 않고, 기름에 튀기거나, 다양한 요리의 가공소재로 조리되어, 부식으로 이용된다.

두부를 적당한 크기로 자른 후 표면을 건조시키고 거기에 붉은 누룩균 Monascus(모나스쿠스)를 증식시키면 홍두부(紅豆腐)가 만들어지는데, 이것은 중국 남부, 타이완의 명물이다. 이 흐름에 따른 것이 오키나와현의 두부인 듯하다. 3센티미터로 네모나게 자른 두부를 3일 정도 그늘에 말린다. 조금 미끈미끈해지면 표면을 아와모리로 씻은 후 이것을, 찹쌀 붉은 누룩을 첨가한 아와모리 술지게미에 반 년 정도 담가 둔 것이다. 매우 고급스러운 풍미가 있어 아와모리의 안주로서 그만이다.

어패류의 발효물

세계에서 가장 단단한 음식이 뭐냐는 질문을 받는다면, 대부분의 일본인은 아마도 일본의 가다랑어포라고 대답할 것이다. 과연 그렇다. 이보다 단단한 식품은 달리 눈에 띄지 않는다. 일본인은 세계에서 가장 단단한 식품을 발효로 만든 민족인 것이다. 이 가다랑어포의 원형은 헤이안 시대의 『엔기시키(延喜式)』에 보이는 「가타우오(鰹魚, 딱딱한 생선이라는 뜻-역주)」라는 말린 보존 식품에 해당하는데, 지금 같은 훈제 식품이 고안된 것은 에도 시대의 엔포(延宝) 2

가다랑어포 만들기(『일본산해명산도회日本山海名産図会·제3권』에서).

년(1674)이다.

가타우오 제법은, 원료 가다랑어를 3장으로 뜬 후, 그것을 대나무로 짠 시루에 넣고 한 시간 반 정도 찐 다음 식힌다. 뼈를 발라낸 후 바닥을 얼기설기 엮은 나무 상자에 4~5장 겹쳐 넣고, 배건실(焙乾室, 장작을 때서, 훈연 후 건조시키는 방-역주)에서 단단한 장작을 때서 훈연 후 건조한다. 이 훈연법은 우선 85도씨에서 약 1시간 훈연하는데 이것을 5일간 계속한다. 그리고 불을 약하게 줄인 다음 이 작업을 수회 반복한다. 마지막으로 3, 4일간 햇빛에서 건조하면 아라부시(荒節, 훈연과 건조 과정만을 거친 가다랑어포-역주)를 얻을 수 있다. 이 아라부시를 배 모양으로 깎으면 하다카부시(裸節)가 되고, 이것을 4, 5일간 햇볕에 말린 후 곰팡이를 피게 하기 위해 늘 사용하는 나무통 또는 상자에 넣어 뚜껑을 덮는다. 이 오래 사용한 용기 안에는, 누룩곰팡이의 포자가 다수 생식하고 있기 때문에, 하다카부시를 2주간 정도 거기에 넣어두면, 그 표면에 곰팡이가 밀생한다(첫 번째 곰팡이). 이것을 꺼내 포자를 솔로 털어내고 햇볕에 말린 다음 다시 곰팡이를 피게 하는 용기에 넣는다. 2주간 정도 후에 다시 곰팡이가 밀생(두 번째 곰팡이)하므로 전과 같은 작업을 반복하여, 세 번째 곰팡이, 네 번째 곰팡이를 피운다. 마지막으로 충분히 건조하면 제품이 완성된다. 여기서 활약하는 곰팡이는, 누룩곰팡이의 일종인 *Aspergillus repens*(아스페르길루스 레펜스)이다.

그 돌처럼 딱딱한 가다랑어포의 비밀은, 그야말로 이 곰팡이의 발효력에 의한 것이다. 그저 건조하는 것만으로는, 가다랑어포의 표면이 마를 뿐으로, 내부는 수분이 아직 남아 단단해지지 않는다. 또 훈연만 한 가다랑어포는, 골고루 마르지 않아 깎는 동안 부슬부슬 떨어져버린다. 하지만 여기에 곰팡이를 피게 하면, 가다랑어포의 표면에서 생육하는 곰팡이는 번식에 상당한 수분을 필요로 하기 때문에, 물을 가다랑어포의 내부에서 표면으로 빨아올려, 그 물을 살아갈 양식으로 이용하게 된다. 덕분에 가다랑어포는 내부에서 이상적으로 수분이 제거되어 딱딱하게 마르게 된다.

이때 곰팡이가 생성한 지방분해효소는, 가다랑어포의 지방을 분해하여 제품이 된 후에 지방의 산화에 의해 품질이 떨어지는 것을 막는다. 또 단백질의 분해 효소는 가다랑어의 단백질을 분해하여, 감칠맛의 근본이 되는 아미노산을 만들어내는 데다가, 곰팡이의 작용에 의해 한층 더 감칠맛이 강하게 된 이노신산은, 아미노산과 상승효과를 일으켜 믿을 수 없을 정도로 고급스럽고 강렬한 감칠맛을 우리들에게 선사한다.

레벤후크가 미생물의 존재를 세상에 발표했을 때와 같은 무렵, 지구 반대편의 일본에서는 이미 이와 같은 발효물이 만들어지기 시작하고 있었다. 습도가 높은 환경을 좋아하는 곰팡이의 성질을 잘 파악한 가다랑어포의 발효법은, 역사상으로도 대륙을 포함하여 전 세계에서 유례가 없는 것이었다. 또 이것이 발효법에 의한 최초의 고체 보존 조미료였던 것 등을 생각하면, 그 발효에 대한 지혜의 깊이는 놀랍다.

이처럼 곰팡이를 이용해 생선을 고형 상태로 발효시킨 것이 가다랑어포이다. 이와 마찬가지로 세균이나 효모를 이용하여 고형 상태로 발효시킨 것도 있는데, 그 대표가 일본의 '나레 초밥(熟鮨, 식초를 쓰지 않고 발효에 의해 신맛을 낸 초밥-역주)'이다. 나레 초밥은 생선을 밥과 함께 넣고 누름돌로 눌러 오랜 일수에 걸쳐 유산균을 주체로 한 미생물로 발효시킨 것이다. 가장 유명한 것은 오미(近江, 시가현)의 붕어 스시이다. 나레 초밥의 원형은 중국과 동남아시아에 오래전부터 있었던 것인데, 일본에는 벼농사와 함께 유입되어온 것이라고 여겨진다.

기원전 4~기원전 3세기에 성립된 중국 최고(最古)의 사전『이아(爾雅)』에는 이미 조금씩 초밥에 대한 기술이 있다. 그것에 의하면 '자(鮓)'라는 것이 생선의 발효 저장식품, '지(鮨)'가 생선젓갈, '해(醢)'가 고기 젓갈이다. 소재에는 잉어나 초어, 메기 등의 민물고기, 사슴, 산새 등이 사용된 듯하다. 이처럼 초밥의 원조는 생선이나 고기 절임이라고 봐도 좋은데, 현대 일본인이 가진 초밥 이미지와는 전혀 다른 것이었다.

타이, 라오스, 캄보디아 등의 고지 민족 등에게도 나레 초밥 문화가 있는데, 그 부근이 가장 오래된 지역이라고 한다. 이처럼 처음에는 산악 민족에 의해 초밥이 만들어지기 시작한 것은, 언제나 신선한 어류를 잡을 수 있는 해변 사람들과는 달리, 고기와 생선을 오래 저장해야만 하는 필요가 만들어낸 지혜였다.

재미있게도 그와 비슷한 것이, 일본에도 옛날에 '산의 젓갈'로서 존재하고 있었다. 기후현이나 나가노현의 깊은 산속에서 만들어진 '개똥지빠귀 젓갈'이 대표로, 개똥지빠귀의 내장을 훑어 내용물을 꺼낸 후 고기와 함께 잘 다진 다음 여기에 소금을 첨가해 발효시킨 것으로, 그야말로 들새 젓갈이라고 할 만한 것이었다.

고대문화는 대륙에서 동해를 건너 일본에 들어왔기 때문에, 동해문화와 나레 초밥은 끊을래야 끊을 수 없는 깊고 오래된 관계에 있다. 그 때문에 전통적인 식문화도 고대부터 이어져 오는 것도 많고, 생선을 발효시켜 보존성을 높인 나레 초밥이나 젓갈 같은 발효식품에 있어서, 동해연안은 그 보고이다. 특히 고등어, 송어, 도루묵, 연어 등을 원료로 한 나레 초밥은 동해 도처에서, 예전부터 서민과 함께 성장해 오늘에 이르렀다.

도야마현의 도나미(砺波) 평원 남단에 있는 정토진종의 조하나베쓰인(城端別院) 젠토쿠지(善徳寺, 도야마현 조하나마치城端町) 무시보시(虫干)법회와 이나미베쓰인(井波別院) 즈이젠지(瑞泉寺, 도야마현 이나미마치井波町)의 다이시덴(太子伝)회에서, 매년 7월 22일부터 28일까지, 참배자에게 50일간 절여둔 고등어 나레 초밥을 대접하는 예는, 이 발효식품 역사의 무거움을 느끼게 해주는 것이다. '훈주산문(葷酒山門, 비린내 나는 것을 먹고, 술기운을 띤 자는 절의 경내로 들어와서는 안 된다는 말-역주)'이라 하여, 비린내 나는 것을 싫어하는 불가에서조차, 아주 오랜 옛날부터 발효한 고등어 나레 초밥을 먹었으니 서민은 말할 것도 없다. 무엇보다 두 절의 나레 초밥 만들기에는, 전통 있는 훌륭한 절임 기술이 있어서, 비리지 않은 것이 신기하다. 또한 아키타현의 도루묵 초밥과 숏쓰루(塩魚汁, 아키타현의 독특한 조미료. 정어리, 도루묵 등을 담근 젓갈의 젓국을 떠서 거른 것-역주), 이시카와현의 오징어젓갈의 발효나 정어리 누카 절임 등, 동해 방면에는 어패류의 발효식품이 실로 많다.

놀랍게도 이시카와현에는 한 마리로 인간을 20명이나 죽일 수 있는 맹독을 가진 자지복의 난소를, 독을 제거하지 않은 채 소금에 절인 후, 2년 동안이나 누카미소에 절여, 무독으로 만들어 토산품으로 판매한다. 이것도 발효라는 미생물의 신기한 초능력을 솜씨 좋게 이용한 교묘한 방법으로, 전 세계에서 전혀 유례를 찾아볼 수 없는 해독 방법이다. 이러한 발효법에 의한 해독 기술 등에 대해서는 다음 장에서 자세히 설명하기로 하겠다.

일본에 전래한 최초의 초밥은 모두 나레 초밥이었다. 그것도 생선의 보존을 목적으로 한 것이었기 때문에, 먹는 법은 지금도 남아 있는데, 나레 초밥의 대부분을 차지하는 이즈시(飯鮓)는, 밥은 부차적인 것이고 생선이 주체인 절임이다. 오늘날의 이즈시는, 밥과 함께 생선을 누름돌로 눌러 발효시킨 스타일이 주류인데, 이 발효의 주된 균은 유산균이다. 유산균은 우선, 밥의 전분과 포도당에 작용하여 유산발효를 일으켜 유산을 생성한다. 이때, 동시에 야생효모도 발효를 일으켜 에스테르 향과 황화물로 냄새를 만들고, 또 다른 종류의 유산균과 낙산균, 프로피온산균 등은, 특유한 냄새를 가진 유기산을 만들어 생선의 비린내를 제거한다. 게다가 유산균이 유산을 계속 만들면, 절임 전체의 수소이온 농도(pH)가 내려가, 그때까지 발효하고 있던 미생물들은 발효를 마쳐 방부효과를 가진 보존식품이 만들어지는 것이다.

유산 발효할 때, 특유의 비린내는 유기산에 의해 제거되고, 발효 미생물은 각종 비타민을 다량 생산하기 때문에, 비타민의 보급에도 귀중한 식품이었다. 또, 나레 초밥은 양질의 유산균과 낙산균 덩어리 같은 것이기 때문에, 이것을 먹으면 정장작용에 효과가 있는 세균 무리가 다량으로 체내에 들어와, 장내에 자리 잡고 살며 이상 발효균과 부패균의 침입을 저지하거나 거기서 각종 비타민을 만들기 때문에, 이를 장이 흡수할 수도 있다. 이러한 발효식품

중에는, 때로는 정장제로서의 역할을 가진 것도 있었다.

젓갈과 어장도, 실은 오랜 역사를 가진 발효식품이다. 이것들은 오래전부터 생선과 고기의 중요한 보존 식품이었기 때문에, 그 기원과 발전 과정은 지금 말한 나레 초밥과 흡사하다.

발생 원점의 하나인 고대 중국에서는, 새나 짐승 고기, 생선 조개로 만든 젓갈류나, 대두 등을 원료로 한 된장류를 총칭하여 '장(醬)'이라고 하며, 기본적인 발효식품 조미료를 가리켰다. 현대 중국의 장은 좁은 의미와 넓은 의미의 두 가지 용법이 있다.

좁은 의미의 장은 대두, 보리, 쌀 등을 누룩, 소금과 함께 발효시킨 것으로, 일본의 된장이나 간장의 중간 정도의 것을 가리킨다. 이 장을 짜서 액체로 만든 것이 장유(醬油, 유油라고 해도 기름을 말하는 것이 아니라 액체라는 의미)로, 일본의 간장에 해당한다. 넓은 의미의 장은, 이 곡류로 만든 장을 포함하여 가장(茄醬)이 토마토소스, 지마장(芝麻醬)은 참깨간장, 시초장(豉椒醬)은 고추장, 어장이 생선 장, 하장(蝦醬)이 새우 장 등 많은 발효 조미료를 포함한다.

어쨌거나 귀중한 생선 조개를, 식염 존재하에서 발효시키면서 보존성과 맛의 깊이를 더하는데, 식탁을 풍성하게 하고자 한 어장이나 젓갈을 담는 방법은, 일본, 한반도를 포함한 동아시아, 캄보디아, 버마, 베트남, 타이, 인도네시아, 필리핀, 말레이시아, 보르네오 등의 동남아시아 각 지역에 분포되어, 부식과 조미료로서 식생활상 중요한 지위를 차지하고 있다. 또한, 젓갈, 어장, 나레 초밥에 관한 광범위한 연구는 국립중앙박물관의 이시게 나오미치(石毛

直道) 교수가 정력적으로 하고 있는데, 자세한 것은 『국립민속학박물관 연구보고』 제11권(1986년) 이하에 발표되어 있으니 참고하기 바란다.

일본 어장의 대표는 아키타현의 '숏쓰루'이다. 주로 신선한 도루묵을 원료로 하여, 여기에 밥, 누룩, 소금을 첨가하고, 당근, 순무, 다시마, 유자 등 풍미가 있는 것도 섞은 다음 나무통에 담아, 뚜껑을 덮고 누름돌로 눌러 밀폐한다. 보통의 것은 1년, 상등급의 것은 3~5년이나 발효, 숙성시키는데, 그동안 누룩의 효소가 작용하여 원료 생선에서 감칠맛을 내거나, 발효미생물(주로 효모와 유산균)이 작용하여 특유의 향미와 냄새를 만들어낸다. 담을 때는 생선 비린내가 강했었는데, 수년에 걸쳐 만들어지는 사이에 비린내가 완전히 사라지고, 향미에 숙성의 균형이 잡혀 원숙한 발효조미료가 만들어진다.

숏쓰루는 아키타현의 명산이다. 그 외에 가가와현의 '까나리 간장'(까나리를 소금에 절여 발효숙성시켜, 그 국물을 천으로 걸러 만든 어장), 도야마현과 이시카와현의 '이시루'(魚汁, 오징어 내장을 소금에 절여 발효시켜 거른 것)외에, '대합 간장'(대합 조갯살을 으깨서 식염, 누룩, 간장지게미 등과 함께 발효시킨 것), '굴 간장' 등, 많은 어장이 있다.

젓갈에는, 오징어와 가다랑어의 내장에 있는 소화효소를 식염 존재하에서 작용시켜, 감칠맛을 단기간에 끌어낸 말하자면 단기 젓갈과, 식염 존재하에서 수개월간 미생물을 작용시킨 발효 젓갈 두 종류가 있다. 발효 젓갈은, 원료인 생선이나 조개, 소금만을 발효하는 것과 거기에 누룩과 밥을 첨가하는 것이 있다. 어느 쪽이든 유산균과 효모에 의해 발효가 일어난다. 발효에 의해 특유의 맛과 냄새가 생기는 것 외에, 생선 본래의 비린내도 사라지고 오랫동안 보존할 수 있는 등 많은 점에서 단기 젓갈과는 다르다.

생선 자체가 발효한 것이 아니라, 발효한 생선 국물에 생선을 수 시간 담근 후, 그것을 건조시킨 것이 '구사야'이다. 강렬하고 독특한 냄새와 깊이 있는 맛이 인기가 있는데, 보존성도 뛰어나 일 년 내내 즐길 수 있다.

니지마(新島), 오지마(大島) 같은 이즈시치토(伊豆七島)의 근해는 예전부터 갈고등어나 풀가라지, 날치의 좋은 어장이자, 건어물을 만들기에 적당한 말리는 곳(백사장)이 있기 때문에, 건어물의 제조가 예전부터 성해서, 에도 시대에 이미 좋은 품질의 건어물이 만들어졌다. 그런데 그 지방은 식염을 연공으로 막부에 바치고 있었는데, 소금 징수가 상당히 엄격했다. 그 때문에 건어물 제조용 소금에도 제한이 있었다. 그래서 궁여지책으로 한번 소금에 절이고 남은 소금물을 몇 번이고 거듭 사용했는데, 그러는 사이에 소금물이 발효하여 이상한 냄새를 가진 국물이 되었다. 그런데 이 소금물은 버리기 아까운 감칠맛이 나고 냄새도 독특했기 때문에 이 국물에 담갔던 건어물을 시험 삼아 에도에 보냈더니, 에도의 음식 맛에 정통한 사람들 사이에서 몹시 귀하게 여겨졌다. 그리하여 명물 '구사야'가 탄생하게 되었다. 풀가라지, 갈고등어, 전갱이, 고등어, 날치, 황조어 등의 생선을 원료로 하는데, 특히 풀가라지를 최상으로 여긴다.

신선한 풀가라지의 배를 갈라, 아가미, 내장, 생선살의 검붉은 부분을 제거한 후, 나무통 안에서 2~3회 물로 씻는다. 다음 구사야 국물에 2시간 정도 담가, 대나무 돗자리에 늘어놓고 햇볕에 말리는데, 투명한 황갈색이 될 때까지 이 작업을 여러 번 반복한다. 구사야를 담그는 국물에는 *Rhodotorula*(로도토룰라)나 *Debaryomyces*(데바리오마이세스) 같은 효모나 *Staphylococcus*(스테필로코쿠스)나 *Micrococcus*(마이크로코쿠스) 등의 세균이 발효에 관여하고 있는데, 그 특유의 냄새는 그러한 미생물의 발효에 의해 생성된 길초산과 카프로산 등의 휘발성 유기산이 그 본체이다.

생선 발효물은 동남아시아나 동아시아 일대에 집중되어 있는데, 몇 개의 예외도 있다. 그 대표적인 것으로서 여기서는 스웨덴에서 만들어지는 '수르스트뢰밍'을 소개하겠다.

이 발효식품은 청어를 원료로 하여, 여기에 소금, 가늘게 채친 양배추나 양파, 향신료를 첨가해, 이것을 깡통에 넣어 밀봉상태에서 발효시킨다. 거기서는 주로 유산균이 거의 공기가 없는 혐기상태하에서 발효를 일으키는 탓에 특수한 대사계를 작동시켜, 만들어진 발효물에 놀랄 정도로 강렬한 고약한 냄새가 나게 된다. 이 냄새의 성질은 마치 일본의 구사야와 붕어 초밥을 합친 것 같고, 또 냄새의 지독함은 그 수배에 달할 정도로 강렬하다. 아마도, 세계에서 가장 냄새나는 음식이 분명 이 수르스트뢰밍이라고 필자는 생각한다.

통조림은 발효에 의해 생긴 탄산가스 때문에 팽만하여 둥글게 변형되어 있어, 집 안에서 통조림을 따면 가스와 함께 강렬한 냄새가 뿜어져 나와, 곤란해지기 때문에 대개의 경우는 집밖에서 딴다. 통조림에 깡통따개를 꽂은 순간, 안에서 가스가 기세 좋게 뿜어져 나오는데, 그 가스가 다 나오기를 기다렸다가 천천히 통조림을 따서, 발효된 생선을 꺼내 먹는다. 생선은 상당히 끈적끈적한 상태인데, 신맛과 짠맛과 감칠맛이 적당히 어우러져, 독특한 맛이 된다. 보통은 이것을 빵에 끼워 먹는데, 스웨덴 사람들이 모두 이 발효물을 좋아하냐 하면 반드시 그렇지도 않다. 싫어하는 사람도 적지 않은 모양이다.

유기산의 발효공업

미생물이 유기산을 발효생산한다는 사실은, 파스퇴르가 발효균에 의한 유산 발효를 분명히 밝힌 것이 최초이다. 이후 오늘날까지 다양한 유기산 발효가 발견되어 실용화되었다. 처음에는 유산균에 의한 유산 발효, 초산균에 의한 초산 발효가 실용화의 주체인데, 그 후 곰팡이에 의한 구연산 발효나 이타콘산 발효 등도 더해져, 커다란 발효공업 분야의 하나가 되었다. 오늘의 대표적인 유기산 발효공업에 대해서 발효균, 원료, 생성유기산, 용도 등을 표로 정리했다. 또한, 오늘날의 유기산 발효공업은 추계 6000억 엔의 시장 규모라고 하는데, 최근 장쇄(長鎖) 고급유기산을 여러 가지 유기화합물의 중간원료로 전환할 수 있는 기술이 발효법에 의해 확립되기 시작했기 때문에, 앞으로 더욱 발전이 기대된다.

대표적인 유기산의 발효생산

발효명	발효미생물	생성유기산	주원료	용도
유산 발효	유산균	유산	포도당	각종 음료에 산미 부여, 피혁공업, 직물공업, 칼슘염으로서 의약제조나 사료 등
초산 발효	초산균	초산	에틸알코올이나 주류	식초, 마요네즈 등의 식품원료, 초산셀룰로스 같은 섬유, 의약품의 원료
프로피온산 발효	프로피온산균	프로피온산	포도당	향료 원료, 항곰팡이제 등
구연산 발효	검은누룩곰팡이, 푸른곰팡이, 효모(칸디다속)	구연산	포도당 n- 파라핀	청량음료의 산미 부여, 과자 등 많은 식품의 산미 부여, 의약품, 부식방지제, 킬레이트제, 가소제(可塑劑) 등
푸마르산 발효	거미집곰팡이	푸마르산	포도당	청량음료의 산미 부여, 수지원료, 아스파라긴산과 글루타민산 등의 발효생산 원료 등
사과산 발효	유산균, 누룩곰팡이	사과산	유산, 포도당	청량음료의 산미 부여, 각종 의약품의 원료 등
글루콘산 발효	세균, 곰팡이	글루콘산	포도당	의약용, 나트륨염으로서 식품공업에서의 세척제, 보일러 등의 내부에 생기는 때 형성방지제, 베이킹파우더 등
α-알파케토글루타르산 발효	세균 효모(칸디다속)	α-알파케토글루타르산	포도당 n- 파라핀	글루타민산과 비타민C 등의 원료와 의약품의 원료
이타콘산 발효	누룩곰팡이	이타콘산	자당(蔗糖)	폴리에스테르 수지와 플라스틱 수지의 원료
누룩균 발효	누룩곰팡이	누룩산	포도당	살균제, 곰팡이 제거제

아미노산의 발효공업

1955년, 발효법에 의해 아미노산의 일종인 글루타민산의 생산을 시작으로, 미생물을 이용한 아미노산의 발효생산은 일본을 중심으로 급속하게 발전했다. 오늘날 일본에서는 천연 단백질을 구성하는 대부분의 아미노산이 발효 수법으로 공업 생산되는데, 이는 전 세계에 일본의 높은 발효기술의 수준을 확신시켰다.

이 아미노산 발효는, 발효미생물의 균체 내에서 일종의 이상대사를 일으켜 생산하는 것이다. 즉, 본래 균체 내에서 축적되어야 할 단백질 생합성용 아미노산을 도중에 단백질 생합성계에서 이탈시켜, 균체 밖으로 배출시키는 것이다. 이상대사로 인도하는 방법은, 예를 들면 비교적 단백질 생산성이 강한 발효균에 인공적으로 갑자기 변이를 유도하여, 그 변형체(뮤턴트)에 균체 내에서의 단백질 생합성계로 가는 경로를 제거해버리면, 생성된 아미노산은 단백질을 합성할 수 없어 균체 밖으로 배출시키게 된다.

이러한 방법은, 물질의 대사경로를 제어하여 목적물을 유도하기 때문에 '생체제어발효'라고 부른다. 이후, 다양한 물질의 발효생산에 매우 커다란 의의를 남긴 획기적인 발효 방법이다.

이 아미노산 발효는, 원료에 폐당밀과 전분, n- 파라핀 같은 탄소원과, 암모니아나 황산암모니아 같은 무기질 질소를 제공해 발효시킬 수 있다. 그 때문에 저렴하게 대량의 아미노산이 미생물에 의해 생산되어, 오늘날에는 식량공업과 영양강화제, 사료, 화장품용, 의약품제조 등의 원료로서, 연간 수만 톤이 생산되어 도움이

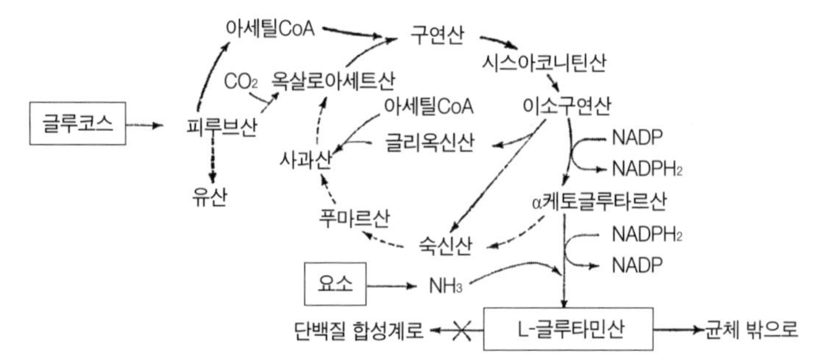

글루타민산 생성계로 가는 경로. 글루코스에서 만들어진 글루타민산은 본래 좌측의 단백질 합성계로 가서 단백질 구성성분이 되는데, 글루타민산 발효는 그것을 행하지 않고, 이상대사를 일으켜 우측의 균체 밖으로 배출시킨다.

되고 있다.

오늘날, 이 생산법으로 생산되는 아미노산은 글루타민산, 라이신, 발린, 오르니틴, 호모세린, 트레오닌, 이소류신, 알라닌, 트립토판, 페닐알라닌, 타이로신, 아스파라긴산, 아르지닌, 아스파라긴, 세린, 프롤린 등 여러 종류에 이른다.

핵산 관련 물질의 발효공업

가다랑어포나 표고버섯의 감칠맛 물질은 5′-이노신산과 5′-구아닐산인데, 전 세계에서 가장 먼저 그것들의 감칠맛을 발효생산한 것은 일본인이다. 오늘날에는 그것들의 정미성(呈味性)을 가진 핵산을 포함하여, 각종 핵산 관련 물질이 발효에 의해 다량으로 생산되어, 식탁을 풍성하게 하거나 의약제로서 제공된다.

5′-이노신산의 경우, 6%의 포도당에 경미한 양의 무기염 영양소(인산칼슘, 황산마그네슘, 황산망간, 황산철, 염화칼슘 등)와 대두 단백질의 분해물 및 아데닌으로 원료배양액을 만들어, 여기에 세균의 일종 *Bacillus subtilis*(바실러스 서브틸리스)를 70~80시간 배양하면, 배양액 1리터 중에 약 7그램의 이노신산이 생성된다. 이 이노신산을 수지로 흡착 후, 그 수지에서 이노신산을 꺼내, 이것을 정미성이 있는 5′-이노신산에 화학 합성하는 것이 발효 합성조합법에 의한 제조이다.

그 후, 발효법만으로 더욱 대량의 5′-이노신산을 얻을 수 있는 방법도 가능해져서, 오늘날에는 대형 공업 규모로 대량 생산이 이루어지고 있다. 이 방법은, 자외선을 쪼여 형성한 돌연변이주(아데닌 요구주)를 발효에 사용하는 것이다. 그 균의 발효에 의해 당질과 암모니아를 원료로 하여 배양액 1리터 중에 20그램의 5′-이노신산을 축적할 수 있게 되었다.

현재는 5′-이노신산 외에 5′-구아닐산, 아데닐산, 크산틴 등의 핵산 관련 물질도 발효를 이용해 얻을 수 있어, 감칠맛 조미료, 식품 공업, 의약품 산업 등에 널리 사용되고 있다.

항생물질의 발효공업

1941년, 스트렙토마이신의 발견자 왁스먼(S. A. Waksman, 1888~1973)이 제창한 ‘항생물질(antibiotics)’이라는 명칭은, 오늘날 ‘생물,

특히 미생물에 의해 생산되어, 미생물 그 외의 생활 세포의 기능을 저지하는 물질'이라고 정의된다.

두 종류의 미생물을 동시에 동일 배지에서 배양했을 때, 어느 한쪽의 증식이 저지당하는 현상을 길항현상(antagonism)이라고 한다. 1877년, 이미 파스퇴르에 의해 탄저균이 다른 균에 의해 억제되는 것이 발견되었고, 1929년, 영국의 플레밍에 의해 푸른곰팡이에서 페니실린이 만들어졌는데, 이것을 임상에 사용한 것이 오늘날의 항생물질의 시작이었다. 그 플레밍으로부터 오늘날까지, 이 분야에서의 발효공업의 경이적인 발전은, 지구상의 인간을 셀 수 없을 만큼 구했다. 현재까지 실로 4000종 이상의 항생물질이 발견되어, 3만 이상의 유도체가 만들어졌는데, 그중 독성이 있고 안정성이 결여되어 있는 것을 제외한 약 100종이 발효생산되어 실용화되었다.

항생물질의 발효생산 분야에서도 현재 일본은 세계 톱클래스에 있다. 지금까지의 주류였던 세균질환에 대한 항생물질에 그치지 않고, 바이러스 암에 효과가 있는 블레오마이신 같은 것까지 찾아내어 실용화했다. 또 농약으로서의 항생물질의 실용화도 일본이 잘하는데, 이네이모치병에 쓰이는 블라스티시딘이나 카스가마이신 등은 유명하다.

항생물질의 용도는 이처럼 의약과 농업 외에 사료(가축이나 재배 어업 등에서 동물 발병 방지나 방부), 생화학 연구용의 세균세포벽 생합성 저해물질(사이클로세린), 단백질 생합성 저해제(클로람페니콜), 핵산 생화합 저해제(악티노마이신D나 미토마이신C) 등, 많은 용도에 이용되고

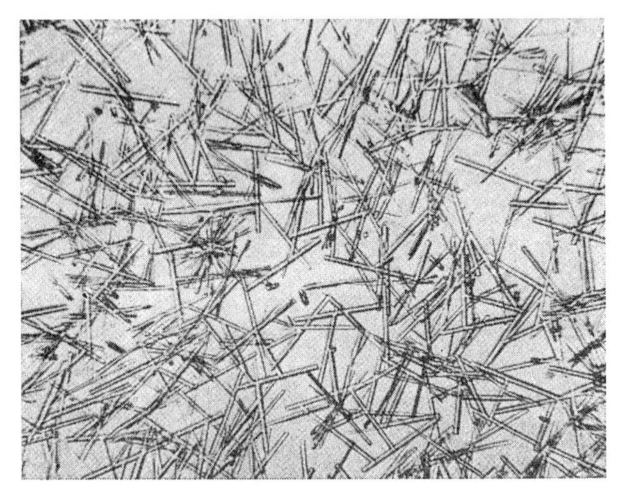

스트렙토마이신 결정

오늘날의 항생물질 공장 내부

있다. 또한 일본의 항생물질 시장은 의약품 중에서도 수위를 점하고 있는데, 1조 엔대를 돌파하여 더욱 그 발전이 예상된다.

오늘날 발효생산되고 있는 주요 항생물질과 작용범위는 다음과 같다. 페니실린(그람 양성균, 임균, 스피로헤타), 세팔로스포린(그람 양·음성균, 결핵균), 가나마이신(그람 양·음성균, 스피로헤타, 리케차, 대형 바이러스, 원충, 방선균), 오우레오마이신 및 류코마이신(그람 양성균, 임균, 적리균, 마이코플라스마), 바치라신 및 노보비오신(그람 양성균, 임균), 콜리스틴(그람 음성균), 사이클로세린(결핵균), 그리세오풀빈, 비오틴 및 트리코마이신(트리코모나스균, 항곰팡이제), 카스가마이신 및 블라스티시딘(도열병균), 폴리오키신(벼마름병이나 흑반병), 악티노마이신(소아 바이러스, 신종양腎腫瘍), 크로마이신(암), 마이토마이신(백혈병, 육종 등의 악성종양), 블레오마이신(그람 양·음성균, 항산성균, 편평상피암, 호지킨병) 등.

덧붙여 그람 양성균 및 음성균이란, 그람 염색법에 따라 보라색으로 염색되는 균을 양성균, 담홍색으로 염색되는 균을 음성균이라고 한다. 양성균의 대표에는 포도상구균, 연쇄상구균, 고초균(枯草菌) 등이, 또 음성균에는 대장균, 살모넬라균, 이질균 등이 있다.

페니실린의 발효생산은 우선 유산과 소량의 포도당을 탄소원으로 하여, 질소원에 아황산나트륨과 콘 스팁 리쿼(옥수수침출액), 페닐초산 등으로 원료배양액을 만들어, 이에 *Penicillium chrysogenum* (페니실리움 크리소게눔)의 페니실린 고생산 변이주를 접종하여, 무균 공기를 통기시키며 배양하면, 매우 역가(力價) 높은 페니실린을 고수량(高收量) 얻을 수 있다.

또 스트렙토마이신의 제조에는 3%의 포도당에 대두 추출물, 무기염류를 더해 만든 원료 배양액에 *Streptomyces griseus*(스트렙토미세스 그리세우스)의 고생산변이주를 접종하여, 28도씨에서 무균 공기를 보내 통기 배양하면 매우 역가 높은 스트렙토마이신을 대량으로 얻을 수 있다.

생리 활성 물질의 발효생산

생리 활성 물질이란, 생물이 본래 가지고 있는 생리 기능을 극히 미량으로 조절할 수 있는 물질을 말하는데, 비타민류와 호르몬은 그 대표적인 물질이다.

비타민B2(리보플래빈. 성장인자 비타민. 결핍하면 성장이 저지되고, 피로, 식욕부진도 일어난다)는 이전 일본에서는 쌀이나 보리의 배아 등에 세균을 배양하여 발효에 의해 제조했는데, 지금은 화학합성을 이용해 얻고 있다. 하지만, 미국을 비롯한 목축을 하는 나라에서는 동물사료의 영양 강화를 목적으로 지금도 왕성하게 발효법으로 비타민B2를 생산하고 있다.

비타민B12도 동물 성장에 필요한 인자인데, 고등 동식물에서는 합성하지 못하고 미생물만이 생합성하는 능력을 가지고 있다. 따라서 미생물의 생산에 의지하는 방법 외에는 없어, 푸로피온산균이나 슈도모나스균 등에 의해 발효생산되고 있다. 생산량은 배양액 1리터당 26밀리그램 이상인데, 최근 그보다도 훨씬 생산량을 높이는 균의 육종(育種)에 성공하여, 응용되기 시작하고 있다.

식물 호르몬의 일종인 지베렐린은, 동물과 미생물에는 전혀 활성을 보이지 않지만, 대부분의 식물에는 생장 촉진, 종자의 휴면타파 등에 작용하여, 오늘날 현장에서 양상치나 시금치의 성장 촉진, 씨 없는 포도의 불임화(不稔化), 맥아 제조 등에 사용되고 있다. 이 지베렐린도 이전부터 일본에서 발효생산되어온 것이기 때문에, 그 공업적 생산은 곰팡이의 일종인 *Gibberella fujikuroi*(지베렐라 푸지쿠로이)를 포도당, 질산암모늄, 숙신산 등을 포함하는 배지에서 통기 배양하여 생산하고 있다.

부신피질 호르몬의 일종인 코르티손이 관절 류머티즘 치료에 뚜렷한 효과를 보이는 것이 1949년에 헨치에 의해 발견된 이래, 이것을 공업적으로 제조하고자 하는 시도가 왕성하게 일어나게 되었다. 미생물을 이용해 생산하기 위한 기초를 만든 사람은, 1952년 미국의 피터슨과 머레이다. 그들은 거미집곰팡이의 일종인 *Rhizopus nigricuns*(리조푸스 니그리칸스)를 이용하여, 기질의 프로게스테론에서 매우 간단하게 코르티손을 만드는 데 성공했다.

이 연구는 이후 스테로이드 화합물이 미생물 전환에 획기적인 영향을 주어, 코르티손에서 강력한 하이드로코르티손과 프레드니손 등의 호르몬을 발효법과 합성법을 조합하여 만들 수 있게 되었다. 또, 난소 호르몬, 황체 호르몬(경구 피임약에도 사용된다) 등의 성호르몬의 합성원료인 ADD(1-4-안드로스타제-3, 17-디온)은 *Arthrobacter simplex*(아르트로박테르 심플렉스)의 배양액에 콜레스테롤 및 미량의

aa′-비피리딘을 첨가하여 반응시키면 60% 이상의 고수율(高收率)로 얻을 수 있다.

당류 관련 물질의 발효공업

덱스트란(dextran)은, 포도당이 다수 중합(重合)하여 만들어진 물질의 하나이다. 포도당의 중합체에는 이 외에 전분이나 덱스트린 등도 있는데, 이들 물질은 포도당을 구성하는 탄소 골격 중, 첫 번째와 네 번째 탄소가 서로 결합하여 만들어진 것에 비해, 덱스트란은 첫 번째와 여섯 번째의 탄소가 연결되어 만들어진 화합물이다. 이 덱스트란은 물에 녹지 않고, 점도(粘度)가 높아, 화학적으로 안정되어 있기 때문에, 수혈할 때 혈장증량제(대용혈장)로 사용되는 외에, 아이스크림이나 시럽, 젤리 등의 점조제나 유화제로서 식품 첨가물, 또 황산에스텔의 형태로 하여 항혈액 응고제나 링거액 여과제로 사용하는 등, 광범위하게 사용되는 중요한 물질이다.

이것을 발효공업으로 제조하기 위해서는, 유산균의 일종인 *Leuconostoc mesenteroides* (류코노스톡 메센테로이데스)를 10%의 자당, 효모 엑기스, 무기염류 등을 포함한 원료배양액에 배양하면, 24시간 후에는 점도가 높은 다량의 덱스트란을 얻을 수 있다. 재미있게도, 이 덱스트란 발효를 하는 유산균이 일하는 모습은 그야말로 충실한데, 전혀 싫증내지 않고 포도당을 1~6 결합으로 계속 연결하여, 포도당 분자를 5만 개에서 10만 개나 중합시키기 때문에, 그

분자량도 수백만에서 수천만에 이른다. 따라서 그대로는 대용혈장으로 사용할 수 없기 때문에 이것을 희박한 염산으로 가수분해하여, 평균분자량을 7만5000 전후로 맞춰 사용한다.

근래, 사이클로덱스트린(cyclodextrin)도 화제가 되었다. 이 화합물은 전분을 분해하여 생긴 포도당이 6개, 7개, 8개의 단위로 잘려, 각각 머리와 꼬리가 연결되어 생긴 도넛 모양의 환형 화합물이다. 이 사이클로덱스트린은 매우 편리한데, 그 도넛 모양의 환 안에 다양한 분자를 넣으면 즉시 캡슐 모양으로 그 분자를 가둬버리는 성질이 있다.

예를 들면 이 환 안에 휘발성 방향물질(냄새)를 넣어 캡슐화하면, 냄새 물질은 그 안에 갇혀 버리기 때문에, 지금까지 날아가 버렸던 방향을 언제까지고 유지할 수 있어, 방향보류제로서 유용한 사용법이다. 냄새 물질뿐만 아니라, 앞으로 다양한 화합물이 이 환형 캡슐 속에 갇혀, 독특한 물질이 등장할 것이다.

이 사이클로덱스트린은 현재 일본의 호리코시 고우키(堀越弘毅) 박사의 연구가 열매를 맺어, 발효를 이용해 공업적으로 생산되고 있다. 그것을 생산하는 균은 *Bacillus macerans*(바실러스 마세란스)를 대표로 한 사이클로덱스트린 생산균으로, 수소이온 농도(pH)가 알칼리성 측에서 증식하는 호알칼리성균이다. 통상 대부분의 미생물이 산성 환경하에서 증식하는 것을 보면 특수한 균이다. 현재, 호알칼리성균 중 몇몇 주(株)가 사이클로덱스트린을 만드는 효소를 균체 밖으로 분비하는 사실을 알고 일부에서 이미 발효생산이 이루어지고 있다.

또한 덱스트란이나 사이클로덱스트린 외에 핵산구성 성분의 중요한 것의 하나인 리보스(5탄당의 일종)의 발효생산도 이미 이루어지고 있다. 이 당류 관련 물질의 발효생산액은 현재 약 200억 엔이라고 추산되는데(1989년 기준), 앞으로 더욱 발전할 분야로 기대되고 있다.

효소의 발효생산공업

미생물이 발효라는 신비적인 현상을 일으켜, 우리들 인류에게 한없는 은혜를 주는 것도 알고 보면 효소 덕분이다.

균체 내에 존재하는 효소는, 호흡과 발효라는 중요한 생체 내 반응을 일으키는데, 그때 발생하는 에너지로 미생물은 살아가는 것이기 때문에, 발효는 말하자면 미생물에게 있어서 생명줄의 역할을 한다. 앞에서도 말했지만, 효소란 생명이 없는 '물질'로 단백질의 일종이다. 그것이 물질을 합성하기도 하고 분해하기도 하는 역할을 하기 때문에 매우 편리하다. 예를 들면, 최근에는 효소가 들어간 세제가 있는데 이것은 미생물이 분비한 단백질 분해효소와 수지분해 효소를 세제에 첨가한 것이다. 의류에 부착한 얼룩이나 때 등의 더러움은 주로 단백질이나 지방에 의한 것이기 때문에, 이것을 효소의 힘으로 분해하자는 것이 원리이다.

그와 같은 효소를 미생물로 만들어 유효하게 이용하자는 것이

미생물 효소제제의 발효생산이다.

이 분야의 시초는, 1909년에 일본의 다카미네 조키치(高峰讓吉)가 밀기울(밀 껍질)에 누룩곰팡이를 배양해, 거기서 생산한 당화 효소와 단백질 분해 효소 등을 포함하는 조효소물(粗酵素物)을 다카디아스타제라고 이름 붙여 제조한 것이 세계 최초로, 그것은 이후 소화효소로서 오늘날에도 위장약에 배합되고 있다. 그리고 오늘날에는 아밀라아제(전분 분해 효소), 프로테아제(단백질 분해 효소), 리파아제(지방 분해 효소), 셀룰라아제(섬유 분해 효소) 같은 일반적인 효소에서, 다양한 의약용 효소, 화학 공업용 효소, 연구용 효소에 이르기까지, 약 200종류의 효소가 발효생산되어 도움이 되고 있다.

효소제제의 생산 방법은, 생산균을 대형 탱크 같은 배양기에 배양하여, 균체 외로 분비된 효소를 염석(鹽析, 어떤 유기 물질의 용액에 소금을 넣어서 그 물질을 가려내는 일-역주)이나 용제침전 등에 의해 추출 회수하고, 균체 내에 포함되어 있는 효소는 균체를 파괴한 후 추출, 정제하여 제제(製劑)로 하고 있다. 예를 들면 가장 대량으로 식량 공업에 사용되고 있는 아밀라아제 제조의 경우에는 옥수수가루(6%), 밀기울(2%), 질산나트륨(0.12%), 황산암모늄(0.08%)을 포함한 원료 배양액을 만들어, 이것을 배양조에 넣어 살균 후 이에 아밀라아제 생산 강력주인 누룩곰팡이의 일종인 *Aspergillus awamori*(아스퍼질러스 아와모리)를 접종하여, 무균 공기를 보내면서 30도씨로 배양한다. 누룩곰팡이는 거기서 증식하면서 왕성하게 아밀라아제를 생성하여 배양액 중에 축적한다. 50시간 정도 배양한 후, 여과하

미생물 기원의 대표적인 효소 제제

효소명	공급원	용도의 예
α-아밀라아제 (α-Amylase)	*Bacillus subtilis* *Aspergillus oryzae*	전분 가공(덱스트린, 풀, 물엿, 포도당 제조), 직물 공업(직물의 풀 제거), 발효원료의 액화(알코올, 맥주, 청주의 제조), 소화제
β-아밀라아제 (β-Amylase)	*Bacillus cereus* *Bacillus polymyxa*	맥아당 제조
글루코아밀라아제 (Glucoamylase)	*Rhizopus delemar*	포도당 제조, 전분 당화
프로테아제 (Protease)	*Bacillus subtilis* *Streptomyces griseus* *Aspergillus oryzae* *Aspergillus saitoi*	세제, 피혁공업용, 고기 연화제 사료 개량제, 의약용, 화장품용 청주 · 맥주의 혼탁제거 조미료
셀룰라아제 (Cellulase)	*Trichoderma viride* *Irpex lacteus* *Aspergillus niger*	곡류, 채소, 과실 가공 식물성분의 추출 조제, 식품 가공, 의약용, 과즙혼탁제거
펙티나아제 (Pectinase)	*Sclerotina libertiana* *Coniothyrium diplodiella* *Aspergillus oryzae* *Aspergillus niger* *Aspergillus wentii*	과즙, 과실주의 청징화(淸澄化) 식물섬유의 정련
리파아제(Lipase)	*Candida cylindracea* *Candida paralipolytica*	소화제, 세제, 식품가공
글루코스 이소메라아제 (Glucose isomerase)	*Streptomyces bobilia* *Bacillus megaterium* *Lactobacillus breris*	포도당에서 과당 제조
인베르타아제(Invertase)	*Saccharomyces cerevisiae*	전화당 제조
락타아제(Lactase)	*Saccharomyces fragilis*	아이스크림(유당 결정생성방지)
글루코스 옥시다아제 (Glucose oxidase)	*Aspergillus niger* *Penicillium chrysogenum*	산소, 포도당 제거에 의한 품질개선, 방부
카탈라아제(Catalase)	*Aspergillus niger*	식품가공(살균, 방부), 살균에 사용한 H_2O_2 분해
응유 효소 (Microbial rennet)	*Mucor pussillus*	치즈 제조용(렌넷 대용)
나린기나아제 (Naringinase)	*Aspergillus niger*	여름귤 과즙의 쓴맛 제거
헤스페리디아나아제 (Hesperidinase)	*Aspergillus niger*	온슈(温州) 귤의 과즙 · 통조림의 백탁(白濁) 침전 제거
아스파라기나아제 (Asparaginase)	*Escherichia coli*	의약(백혈병 치료)
페니실리나아제 (Penicillinase)	*Bacillus subtilis*	우유 중의 페니실린 제거(치즈 제조), 의약용
탄나아제 (Tamnase)	*Bacillus cereus* *Aspergillus niger* *Aspergillus flavus*	맥주의 청징화

여 그 액을 15도씨의 침전조에 넣고, 여기에 마찬가지로 15도씨로 냉각한 95%의 에틸알코올을 3배량 더해 70% 전후의 알코올 농도로 만들면, 효소를 포함한 단백질은 알코올에 녹지 않는 탓에 즉시 침전한다.

이 침전한 단백질은 조효소제(이 침전물을 그대로 진공 건조하여 얻은 것을 특별히 다카디아스타제라고 부르고, 소화제로서 위장약과 정장제에 첨가한다)라고 불리는데, 아밀라아제뿐만 아니라 누룩균이 생산한 다종의 효소가 포함되어 있기 때문에, 뒤이어 각각의 효소를 종류에 따라 나눈다. 그 방법은 흡착 크로마토그라피와 배합 크로마토그라피, 투석, 전기영동(電氣泳動), 초원심분획(超遠心分画)이라는 수법을 사용하여 아밀라아제 제제와 프로테아제 제제를 결정 상태로 얻을 수 있는 것이다.

오늘날, 미생물 효소제제의 생산은 100만 톤대를 돌파하였고, 그 가격도 7000억 엔을 넘는다고 한다(1989년). 최근에는 효소를 수지에 가둬 불용성 효소로 삼아, 이것을 기질과 접종시켜 수개월이라는 장기간에 걸쳐 다양한 것을 생산시킨다는 고정화 효소의 실용화 등도 있고, 또 세제나 화장품이라는 새로운 분야로도 넓게 응용되고 있다. 앞으로 이 미생물 효소제제 산업은 점점 발전하여, 우리들의 생활 구석구석에까지 진출할 것이 분명하다.

미생물 균체 단백질의 발효생산

미생물 균체의 주요한 성분은 단백질인데, 그중에서도 효모균체는 약 50%의 단백질을 함유하는 것이 있다. 이 점에 착목하여 단백질 함유가 매우 높은 미생물을 대량으로 배양하여, 그 균체의 풍부한 단백질을 식용과 사료의 원료로 하는 발효공업이 이전부터 행해져 왔다.

처음에는 폐당밀과 목재당화액, 아황산 펄프 폐액 등을 배양기로 하여 생산해왔는데, 그 후 석유를 영양원으로 섭취하여, 왕성하게 증식을 행한 석유 자원 효모(주로 Candida속)에 의한 공업생산이 개시되었다. 그런데 석유를 원료로 하면, 석유 안에 극초미량 포함되어 있는 벤조피렌이라는 강한 발암성 물질이 효모에 갇혀 농축되는데, 그 효모를 사료로 먹고 자란 소나 돼지까지 오염이 확대되면, 당연히 그 동물들을 식료로 하는 인간까지 해가 미친다는, 위험한 먹이사슬의 가능성이 지적되어 일본에서는 중지되었다.

그 때문에 오늘날에는, 그 배지의 원료로 톱밥이나 나무 조각을 분해하여 얻은 목재당, 식물성 폐기물(쓰레기)의 분해물, 제지폐액 등 값이 싼 것을 선택하여 생산하고 있다. 이들 원료에는, 식물섬유의 분해에 의해 생산된 자일로스, 만노오스, 갈락토스, 글루코스 등의 당류가 포함되어 있기 때문에, 그것을 자화(資化)하여 균체가 증식해간다.

발효법은 그것들의 배양액을 대형 발효조에 넣고 열 살균하여, 거기에 균체 단백질 함유량이 높고 배양액 속의 당을 잘 자화할 수 있는 *Torulopsis*(토룰롭시스)나 *Mycotorula*(미코토룰라) 등을 접종하여, 28도씨 전후로 무균 공기를 보내며 배양한다. 며칠 후 대량의 균체가 배양액에 모이면, 이 균체를 원심분리하여 꺼낸 후 건조하여 제품으로 만든다.

이 방법으로 얻을 수 있는 미생물 단백질은, 예를 들면 *Torulopsis*(토룰롭시스)의 경우, 조단백질(가공하지 않은 순수한 단백질-역주) 47~53%나 포함하고, 그 외에 티아민, 리보플래빈, 나이아신, 바이오틴, 판토텐산 등의 비타민군도 풍부하기 때문에, 주로 사료의 원료가 된다. 또 최근에는 이 균체에서 핵산을 분리하여 뉴클레오티드계 감칠맛을 내는 조미료의 원료로 사용하고 있다.

미생물의 단백질은, 앞으로 더욱 수요가 높아질 것이 예상되어, 최근에는 천연가스(주로 메탄)와 메탄올 등을 자화하는 효소를 이용한 SCP(single cell protein, 미생물 단백질) 생산에 대해 활발한 연구가 이루어져 일부 실용화되었다.

탄화수소로부터의 발효물 생산

석유화학공업의 현저한 발전은 지금까지의 우리들의 의식주 관념까지 바꿀 정도로 그야말로 인류 문화사 안에서 특필될 기술혁명으로 성장하여, 지금은 세계의 정치경제까지 움직일 힘을 가질 정도로 인간사회에 밀착되었다. 최근에는 뉴바이오테크놀로지라는 새로운 분야가 석유화학공업에 더해져, 석유가 점점 우리들 생활에 가까워지고 있다.

석유를 구성하는 탄화수소는 그것을 자화(균체 내에 섭취하여 그것을 에너지원으로 하여 대사에 유용하게 쓰는 것)하는 자화성균에 의해 발효하여, 현재 다양한 물질이 발효생산되고 있다. 메탄, 에탄, 프로판, 시클로파라핀, 방향족 탄화수소 등의 탄화수소를 자화할 수 있는 균은 거의 세균에 한정되는데, 탄소수가 8개에서 20개까지의 n-파라핀을 자화하는 미생물은, 세균뿐 아니라 넓게 효소나 곰팡이에도 걸쳐 있다. 따라서 석유계 탄화수소의 발효이용의 실용화는 이 n-파라핀의 이용이라고 생각해도 좋고, 이 분야의 발효는 근래 급속히 발전하여 일부에서 기업화되기 시작하고 있다.

그 대표는 각종 아미노산의 생산으로, n-파라핀을 원료로 하여 수종의 세균에 의한 글루타민산, 라이신, 타이로신 등이 매우 높은 수율(배지 1리터당 20~80그램)로 발효생산되고 있다. 또 최근, 역시 탄산계가 사슬 모양으로 연결된 n-파라핀의 두 끝의 탄소(C)와 수소(H)를 효모로 산화시켜, 그 부위를 산기(酸基, -COOH)로 한 장쇄의 이염기산을 생성하는 프로세스가 성공한 덕분에, 그것을 이용하여 다양한 의약품과 화학제품의 중간 원료로 고분자 유기산의 발효공업이 시작되었다. 또, 현재 석유계 탄화수소를 원료로 하여 다른 계면활성제, 색소, 항생물질, 각종 의약품, 화학공업원료, 미생물기원효소 등도 발효를 이용해 생산되기 시작하고 있다.

그리고 앞으로 이 분야에서 가장 기대되고 있는 것은 미생물을 이용한 탄화수소의 발효생산이다. 이것은 *Botryococcus brauni*(보트리오코커스 브라우니)라고 불리는 단세포 조류가 탄화수소를 생산하여 세포 내에 분비하는 것이 발견된 이래, 왕성하게 연구가 시작되었다. 이 조류는 분비물 중에 최고 86%의 농도까지 탄화수소를 낼 수 있는 유망균이다.

장래, 이러한 균의 유전자를 꺼내 이것을 통산의 세균과 효모에 넣어, 낙엽과 음식물 쓰레기, 산업폐기물 같은 유기체를 원료로 한 탄화수소와 석유 비슷한 물질의 발효생산도 꿈은 아닌 듯하다. 만약 그것이 가능해지면, 미생물은 자동차를 지상에 달리게 하고, 비행기를 하늘에 띄우게 된다.

환경정화 발효

미생물에 의한 자연계에서의 정화발효작용은 제1장에서 말했듯이, 여기서는 폐기물이나 폐수의 처리, 그 유효 이용 등 우리 주변의 정화 발효에 대해서 설명하겠다.

유기물이 많은 산업 폐수를 그대로 하천에 방류하면, 오염되는 것은 주지의 사실이다. 이것은 폐수 중의 유기물이 하천의 미생물에 의해 분해될 때, 급격히 다량의 산소가 소비되는 탓에 용존 산소를 저하시켜, 거기에 다양한 혐기성 미생물이 발생한다. 말하자면 부패와 비슷한 더러움으로 바뀌기 때문이다. 거기에 살고 있는 물고기가, 산소를 상실한 물속에서 질식사하여 떠오르는 것도 그 때문이다.

일본의 산업이 경이적인 발전을 보인 덕분에, 이와 같은 폐수 문제가 숙명적으로 발생하여, 1970년에 수질오탁방지법이 제정되어, 그때까지 자유로웠던 폐수 방출은 법의 눈으로 엄격하게 감시되게 되었다. 대량의 폐수를 방출해야 하는 기업은, 그 대책에 고심하면서도, 폐수에 그 수배, 때로는 수십 배의 물을 더해 유기물의 총량을 기준까지 내려서 방출했다. 하지만 이렇게 해서는 유기물 그 자체의 양에는 변함이 없기 때문에, 하천은 여전히 더러웠다.

그래서 다음으로 폐수에 다양한 화학물질을 더해 유기물을 침하시켜, 그 상징액(上澄液, 혼합물에 포함된 부유 물질이 밑으로 가라앉았을 때, 상단부에 있는 맑은 액체-역주)을 흘려 보내는 방법이 고안되어 실행되었는데, 여기에는 대량의 화학물질을 사용하게 되어 경제적으로도 문제가 많은 방법이었다. 그래서 등장한 것이 바로 폐수처리의 혁명적인 방법인 미생물을 이용한 발효법이다.

이 방법은 현재 가장 널리 행해지고 있는 산업폐수처리법으로, 여기에는 두 가지 수법이 있다. 그 하나는 공기를 필요로 하지 않는 혐기적 환경하에서의 유기물의 분해로, 이 발효는 일반적으로 메탄 발효라고 부른다.

이 원리는 폐수 중의 유기물이 우선 *Clostridium*(클로스트리디움)속의 세균에 의해 유기산과 알데히드 등으로 바뀌고, 다음으로 혐기성 세균인 메탄 생성균 *Methanococcus*(메타노코쿠스)와 *Methanosarcina*(메타노사르시나)에 의해 주로 메탄과 이산화탄소로 분해되어 가스체로 방출된다. 발생한 메탄은 가스탱크로 일단 옮겨진 후,

연료로서 보일러에서 태워져 재사용된다.

유기물의 거의 전부가 이 메탄 발효에 의해 분해되어 깨끗한 물로 변한다. 이 발효 시에 생긴 발효 찌꺼기에는, 식물이 흡수하기 쉬운 다양한 영양소를 함유하고 있기 때문에, 유기비료(발효비료)로서 이용된다.

또 하나의 방법은 호기적으로 유기물을 분해하는 활성오니법이다. 그 방법은 폐수에 활성오니를 첨가해, 공기를 보내면서 발효시켜, 유기물을 호기성 미생물로 산화분해시켜, 최종적으로 물과 이산화탄소로 만들어버리는 것이다.

활성오니란, 세균, 효모, 곰팡이, 원생동물 등 다양한 미생물이 혼재된 진흙으로, 그 미생물의 주요한 것은 *Bacillus*(바실러스), *Pseudomonas*(슈도모나스), *Nitromonas*(니트로모나스), *Nitrobacter*(니트로박터), *Nocardia*(노카르디아) 같은 세균과, 종벌레, 짚신벌레, 연두벌레 같은 원생동물이다. 폐수 중의 유기물은 이들 미생물에 의해 분해, 소비되어 오니는 침전하므로 그 상징액을 하천으로 방류한다. 침전한 오니는 회수하여, 그 일부는 다시 활성오니로서 발효에 사용되고 나머지는 유기비료로서 논밭에 환원된다. 토양 미생물은 그것을 발효, 소비하여 이상적인 비옥토를 만들게 된다.

산업의 큰 발전과 함께 부차적으로 생산되는 다양한 유기물을 포함한 엄청난 양의 폐수가, 오늘날 만약 미생물의 발효작용에 의해 처리되지 않았더라면, 그야말로 강과 호수, 바다는 완전히 더러워져 죽어버렸을 것이다. 미생물의 발효작용이 자연과 인간에게

공업폐수의 활성오니처리

얼마나 유익한지, 그리고 미생물이 얼마나 거대한 힘을 가진 미세한 생물인지를 잘 알 수 있다.

농업용 자급 비료로서 예전부터 전승되어온 것에 퇴비가 있다. 비료는 오늘날 대부분이 화학합성 비료이기 때문에, 퇴비를 농가에서 볼 수 없게 되었는데, 최근 그 화학비료에 의한 토양의 오염과 농약에 의한 작물의 피해를 우려하여, 일부 농가에서 예전처럼 유기농법에 의한 농업을 부활시키자는 기운이 일어나 직접 퇴비를 만드는 곳도 생겼다.

퇴비는 볏짚, 밀짚, 왕겨, 톱밥, 낙엽과 마른풀 등의 식물 찌꺼기를 수북이 쌓아, 발효 부숙(腐熟)시킨 것이다. 발효는 주로 식물 부후균(腐朽菌)이 하는데, 발효가 한창일 때는 60도씨 정도의 고온이 된다. 이 발효 중, 퇴적된 식물조직은 미생물에 의해 분해되어 탄수화물과 질소는 작물 식물에 흡수되기 쉬운 형태로 변화한다. 더 나아가 작물이 튼튼하게 생장하기 위한 다양한 미량의 영양소가 풍부하게 축적된다.

퇴비는 또 작물에 대해 비료효과뿐만 아니라, 토양의 부식 성분을 높이게 되어, 땅은 부드럽고 폭신폭신한 상태가 되어 작물의 생육을 좋게 만든다. 당연히 퇴비 성분은 미생물의 영양도 되기 때문에, 토양 미생물을 활성화시켜 토양을 다양한 물질 변화의 장으로 만들며, 땅을 더욱 비옥하게 함과 동시에 작물 뿌리의 생육 환경을 이상적으로 만든다.

박테리아 리칭

박테리아 리칭(bacteria leaching)이란, 미생물의 무기물산화력을 이용하여, 광석에서 유용 금속을 침출하는 것으로, 일부에서 실용화되었고 앞으로도 주목을 받으며 발전할 미생물의 응용이다. 현재 구리 함유량이 1% 이하의 저품위 동광석에서 금속 구리만을 순수하게 얻고자 하면, 일반적인 정련법으로는 채산이 맞지 않지만 이것을 세균의 힘으로 행하면 충분히 채산이 맞는다.

예를 들어 황화동광물인 황동석($CuFeS_2$)에서 구리를 얻기 위해서는 우선 황산제이철($Fe_2(SO_4)_3$)의 침출액이 필요하다. 그런데 이것은 철산화세균인 *Thiobacillus ferrooxidans*(티오바실러스 페로옥시던스)에 의해, 구리 광상(鉱床, 인간 생활에 유용한 원소나 광물이 지각 내에 농집되어 있는 부분-역주)에 함유된 황산제일철($FeSO_4$)를 산화하여 얻을 수 있다($FeSO_4 \rightarrow Fe_2(SO_4)_3$). 이렇게 해서 황산제이철이 만들어지면, 황동석은 다음 식의 반응에 의해 황산동($CuSO_4$)이 생성된다.

$$CuFeS_2 + 2Fe_2(SO_4)_3 + 2H_2O + 3O_2 \rightarrow CuSO_4 + 5FeSO_4 + 2H_2SO_4$$

여기에 생긴 황산동에 철(Fe)을 작용시켜,

$$CuSO_4 + Fe \rightarrow FeSO_4 + Cu\downarrow$$

구리(Cu)를 유리 침전시켜 회수하는 것이다.

동광 이외에도 박테리아 리칭이 응용되고 있는 일례로서는 우라늄광이 있다. 예를 들면 우라늄을 많이 함유하고 있는 인형석에서 우라늄을 침출하기 위해서는, 구리의 경우와 마찬가지로 $Fe_2(SO_4)_3$가 필요하므로 *Thiobacillus ferrooxidans*(티오바실러스 페로옥시던스)에 의해 $FeSO_4 \rightarrow Fe_2(SO_4)_3$의 산화를 행하여, 그것을 우라늄 분별에 이용한다.

최근에는 채굴된 광석에 대해 박테리아 리칭을 실시하는 이외에, 갱내에 남겨진 저품위 잔광이나 미채굴 광상에도 이 발효법이 실시되고 있다. 또, 가장 주목되는 것은 장래에 광석을 채굴하지 않고 광산 내부에서 광석을 깨뜨려, 그 부분에 박테리아 리칭에 필요한 세균을 주입한 다음, 침출된 금속용액을 퍼내 골라내자는 구상도 있다고 한다.

제7장
기적의 발효

'발효란 무엇인가'라는 질문을 받는다면, 일반적인 대부분의 독자는 술, 간장, 된장, 식초, 빵, 치즈, 요구르트 같은 기호식품의 제조에 미생물이 관여하는 것이라고, 지금까지는 대답했을 것이다. 하지만 이미 말했듯이 항생물질과 비타민, 호르몬, 소화효소제 같은 의약품의 제조나 다양한 화학공업의 원료 제공, 더 나아가 자연계에서의 환경 정화 등까지가 발효의 영역에 포함된다는 사실을 알고, 효모라는 신비한 현상의 깊이와 넓이를 확인했을 것이다.

그런데 이러한 화려하고 각광을 받는 발효와는 달리 지금까지 거의 빛을 보지 못하고 조용히 전승되어온 지혜의 발효도 여기저기 점재해 있다는 사실을 결코 잊어서는 안 된다. 그 이유는, 그러한 발효의 많은 부분에, 지금까지 설명해온 발효의 원점을 언급하는 귀중한 지식과 방법이 깃들어 있기 때문이다. 거기에는 그야말로 '기적'이라고 표현해도 좋을 정도의 신비한 발효가 있다. 그 기묘한 발효의 많은 부분이 우리 발효학자들조차 아직도 잘 규명하지 못하는 것이기 때문에 더욱 신비감을 풍긴다.

지난 몇 년 동안, 필자는 이 기적의 발효에 학문적 흥미를 느껴, 그에 관하여 탐색하기 시작했는데, 그 세계는 놀라움으로 넘쳐났다. 본서에서는 독자들이 발효의 원점을 접하도록 지금은 이미 사라진 것을 포함하여 그 몇 가지를 소개하겠다.

독 제거와 떫은 맛 제거

◈ 복어 난소의 독 제거

우선 일본에 있는 참으로 신기한 발효, 복어 난소의 '독 제거'부터 설명하겠다. 이시카와현 가나자와시 주변의 미카와, 오노, 가나이와 지구와 노토지방에서 만들어지고 있는 전통적 발효 식품에 '복어 난소의 누카 절임'이 있다. 독이 있는 식품을 사용하는 점에서 매우 특이하고, 그 유독 물질을 미생물에 의해 무독화하여 식품으로 만든다는 점에서 기적적이다.

이 지역은 메이지 초기부터 복어의 누카 절임 제조가 활발하여, 참복어, 깨복, 고등어복 같은 맹독의 복어가 그 원료가 되어왔다. 독이 없는 살을 누카에 절인다면 이해가 되는데, 여기서는 맹독을 가진 난소를 누카에 절이니 그야말로 경탄할 만하다. 복어의 난소에 맹독 테트로도톡신이 들어 있는 것은 이미 아는 사실로, 커다란 자지복의 난소 하나로 약 20명을 죽음에 이르게 할 수 있으니 대단하다. 그런데 이것을 발효에 의해 해독하여 먹어버린다는 발상은 세계에 다른 예가 없다. 생활의 지혜에서 나왔다고는 하지만 강렬하다. 그야말로 절임 왕국 일본이 아니고는 할 수 없는 발상과 지혜에서 생겨난 발효 식품이다.

이 제조법은 우선, 난소를 30% 이상의 소금에 절여, 그대로 반년에서 1년간 보존한다. 소금에 절인 후, 2~3개월 후에 소금을 바꿔 다시 절이는 경우도 있다. 1년 정도 지난 다음 난소를 꺼내, 누카에 절이는데, 그때 소량의 누룩과 정어리 등의 염장 국물을 첨가한다. 이렇게 한 후 누름돌로 눌러 2년 이상 발효, 숙성시켜 그대로 누카 절임을 만든다. 혹은 술지게미에 1개월 정도 담가 술지게미 절임으로 만들어 출하한다.

일반적인 생선의 누카 절임과 비교해 사용되는 소금양이 많고, 발효 기간도 수년 걸리는데, 이것은 예전부터 '독을 제거하기 위해서'라고 전해 내려왔기 때문이라고 한다. 절이기 전에 있었던 맹독은 제품에서 완전히 사라져서 이것을 먹고 중독된 예는 전혀 없을 뿐만 아니라, 오늘날에는 가나자와시의 명물이 되어 팔리고 있다.

이 독 제거의 메커니즘은 우선 소금에 절이는 기간에 많은 독이 난소 밖으로 유출되고, 다음으로 누카에 절이는 기간에 남아 있던 독이 유산균과 효모를 중심으로 한 발효미생물의 작용을 받아 분해되어, 해독된다는 사실을 알았다.

무나 오이, 가지 등을 포함하여 발효 중인 누카미소에는 1그램(대체로 엄지손가락 손톱 정도의 양) 중에 수억 마리의 미생물이 활발하게 생활하고 있다. 그들에게 걸리면 중독되는 무서운 복어라도 총알 없는 총이 되어버린다.

◈ 소철의 독 제거

미생물에 의한 독 제거나 쓴맛 제거에는, 이외에도 흥미로운 발효의 예를 볼 수 있다. 일본의 남서제도나 훨씬 저편인 오세아니아에서는, 전분질을 많이 포함하는 소철 열매의 처리에 발효법을 사용한다. 소철은 유독물질인 포름알데히드를 함유하고 있는데, 독을 빼면 풍부하게 함유된 전분이 비황식(備荒食)으로서 기아 때의 중요한 식량이 되었다. 가고시마현 아마미(奄美)제도나 오키나와현 이헤야(伊平屋) 섬 등에서는 지금은 이미 볼 수 없게 되었지만, 소철 열매로 된장을 만들어, 이를 중요한 식료품으로 삼았다.

붉은 열매를 수확하면, 이것을 둘로 쪼개 햇볕에 말린다. 그것을 항아리에 넣고 물을 더해 담근다. 잠시 후에 물을 퍼내고 며칠간 발효시킨다. 이 발효로 소철 중의 유독물질 포름알데히드는 미생물의 작용으로 산화하여 의산(蟻酸)이 되어 독이 빠진다. 다음으로 그것을 물로 잘 씻어, 다시 햇볕에 말려 건조시킨 뒤 절구에 넣고 찧어 분말로 만든다. 이것을 찐 후 멍석에 펴서 2~3일 방치해두면, 여기에 누룩곰팡이가 피어 '소철 누룩'이 생긴다. 이 누룩에 찐 쌀 및 소금을 더해, 단지에 저장해두면, 이번에는 거기에 내염성의 효모와 유산균이 발효를 일으켜, 특유의 향미를 가진 된장이 만들어진다.

오키나와에서는 이 된장에 돼지고기를 첨가해 만든 '안단스'(돼지 된장)가 차에 곁들이는 음식으로 최고라고 여긴다. 그 때문에 소철의 미소를 '초키미스'(차에 곁들이는 된장)이라고도 한다. 이 독 제거는 항아리 안에서 발효시켜 행하는데, 지방에 따라서는 소철 열매를 흙 속에 묻어, 토양 미생물로 해독하는 방법도 있는 모양이다.

땅에 묻는 법

땅에 묻는 방법이라고 하면, 폴리네시아에서는 빵나무(30미터에 달하는 뽕나무과의 열대식물로, 열매는 백색 빵 느낌의 과육으로 식량이 된다) 열매를 땅에 묻어, 토양 미생물로 발효시켜, 특유의 쓴맛을 제거하고, 그것을 주식으로 조리하는 방법도 있다. 또, 버마 산중에 가면, 야생의 찻잎을 역시 땅에 묻어 토양 미생물의 발효에 의해 맛과 향에 특징을 주는 제차법(製茶法)도 있다.

이것은 아마도 야생의 찻잎은 탄닌 성분이 많고 떫은 맛이 매우 강해서, 그것을 토양 속의 발효미생물이 가진 탄닌 분해 효소(타네이스)로 분해시키기 때문일 것이다. 이 지방을 포함하여 중국의 운남성(雲南省)에 걸친 지역이 발효물의 원점인 점에서 보면, 이러한 땅에 묻는 방법이 어쩌면 가장 오래된 차 제조법이었는지도 모른다.

에티오피아의 '엔세테' 요리도 참으로 기묘한 발효를 이용하여 만들어진 음식이다. 남서 에티오피아에 사는 서부 구라게 족의 주식인 이 엔세테라는 작물은 거짓 바나나 나무라고 불리는 *Ensete ventricosum*(엔세테 벤트리코숨)이다. 이 엔세테는 진짜 바나나와 마찬가지로 파초속의 식물인데 식용 바나나 열매가 없어서, 대체 어디를 먹을 수 있는지 전혀 짐작이 가지 않는다. 거짓 바나나 나무라는 명칭도 이러한 사실에서 붙었다. 이 엔세테 요리를 먹는 민족은 아프리카에서도 에티오피아 남서부의 구라게 족뿐으로, 전 세계 음식 민족지(民族誌)에서 봐도 대단히 귀중하다.

엔세테의 먹을 수 있는 부분은 뿌리와 줄기의 껍질 안쪽이다. 나무를 잘라 쓰러뜨리면 우선 뿌리를 캐내고, 그 뿌리와 줄기의 껍질을 벗겨내 최대한 잘게 썬다. 이 작업을 정성들여 하면 엔세테는 걸쭉한 상태가 되는데, 마치 참마를 간 것 같은 형태가 된다. 그것을 한 사람이 3~4일 먹을 수 있는 양으로 나눠서, 엔세테 잎으로 싼 후 땅에 깊이 판 구멍에 묻고 흙을 덮는다. 그러고 나서 적어도 2개월, 길게는 반 년 동안 그 안에서 발효시킨다. 엔세테를 발효시키는 구멍은 직경 60센티미터, 깊이 1.5미터 정도인데, 이 구멍이 거주하고 있는 건물 여기저기에 다수 있는 탓에, 발효가 진행되면 부근에는 특유의 시큼한 냄새가 가득하여 코를 찌른다. 이 냄새가 약하면 발효가 충분히 진행되지 않은 것으로, 그러한 엔세테는 먹었을 때 소화불량을 일으킨다고 한다.

그들의 이야기를 종합하면, 아마도 이 발효는 엔세테의 먹을 수 있는 부분에 포함되어 있는 다당류(주로 전분질과 섬유질)가 토양 중의 식물부식균에 의해 발효되어, 소화되기 쉬운 형태의 탄수화물이 되고, 이것이 혐기성균에 의해 더욱 발효되어 시큼한 냄새 등의 풍미를 더한다고 여겨진다. 이것을 먹을 때는 구멍에서 꺼내 온 엔세테를 잘 반죽하여, 기름을 엷게 두른 둥근 금속판에 두꺼운 핫케이크 같은 모양과 크기로 구워 먹는데, 구라게 족은 이 빵을 '우자'라고 부른다.

또한 일본인에게 친숙한 것 중에 땅에 묻어 발효시켜 사전 조리를 하는 것에 은행이 있다. 은행은 가장 바깥에 과육상의 껍질이 있는데, 이것을 땅에 묻으면 토양 미생물이 여기에 작용하여 조직을 파괴해 겉껍질을 제거하기 쉽게 만든다.

이 외에도 이 넓은 지구상에는 발효에 의한 독 제거나 쓴맛 제거, 소화가 어려운 식물에서 소화가 쉬운 식물로의 전환 등 많은 예가 산재해 있다. 그것들에는 끝까지 식재를 추구해온 인간의 집요할 정도의 탐구심이 지혜의 기술을 탄생시켜, 기적의 발효를 생각해냈다는 공통점이 있다.

기적의 '고체 발효'

땅 속에 식재료를 묻어, 토양 미생물에 의해 독을 제거하거나 쓴맛을 제거하는 예는, 주로 소수 민족이나 한정된 지역에 존재하는 특수한 방법이었는데, 지금부터 말하고자 하는 더욱 기적적인 발효법은 지구 인구의 4분의 1을 차지하는 민족에 의해 계승되어온 전통적인 방법이다. 즉, 중화인민공화국의 마오타이주로 대표되는 바이주를 만드는 옛 제조법이 그렇다. 지금까지 많은 부분이 수수께끼에 싸여 있었던 탓에, 더 한층 신비성을 띠고 구전되어온 발효법이다.

그리고 그 특수한 발효법이 지금으로부터 그렇게 오래 되지 않는 1930년대에 들어와 세상에 공개되자, 그것이 세계에 전혀 유례가 없는 경탄할 만한 것으로 간주되어 학술적으로 커다란 화제가 되었다. 이때 전 세계 발효 학자들의 놀라움은 아마도 진시황제의 능 근처에서 우연히 병마용갱을 발굴했을 때 전 세계 고고학자들의 놀라움과 같은 정도의 것이었을 터이다.

하긴 이 발효법을 알고 놀라지 않는 것도 이상한 이야기다. 전 세계의 모든 술은 용기 안에서 액체 상태로 발효하는데, 중국의 바이주는 땅 속에서, 그것도 고체 상태로 원료를 발효시킨다는 그야말로 독특한 것이기 때문이다. 이 발효법을 발효 학자들은 '고체 발효' 또는 '고형 발효'라고 부르고 있는데, 필자도 이 흥미로운 발효에 대해 몇 번인가 현지에서 조사할 기회를 가질 수 있었기에 그 개요를 이하에 서술해두겠다.

우선 주원료인 고량과 밀 등을 분쇄하여 쪘을 때 증기가 잘 통하게 하기 위해 왕겨나 땅콩 껍질을 섞은 후, 여기에 물을 뿌려 습기를 준 후 시루에 찐다. 이것을 발효 온도까지 냉각한 후, 누룩 분쇄한 것을 첨가해 고체 발효조로 옮긴다.

전 세계에 유례없는 이 고체 발효조란 지면을 2~2.5미터의 깊이로 판, 세로 1.3미터 가로 2.5미터의 정방형 구멍으로, 이것을 '발효고(醱酵窖)' 또는 '발효지(醱酵池)'라고 부른다. 이 구멍에 옮겼다면, 이 표면에 멍석을 깔고 그 위에 발효로 생긴 알코올의 증발을 막기 위해, 흙을 충분히 덮어 밀폐 후 발효시킨다. 발효 기간은 짧으면 10일 정도, 길면 한 달 정도 발효시킨다. 이 발효 기간이 길수록, 많은 종류의 발효미생물의 작용을 받아, 복잡하고 절묘한 향을 주기 때문에, 고급술일수록 이 기간을 길게 한다.

구멍 안에서는 원료인 전분이 누룩의 당화 효소에 의해 당화되어 포도당으로 바뀌고, 여기에 구멍의 토벽과 토상(土床)에 생식하

고체 발효 작업 모습(보통 공개하지 않는다. 이치카와 에이지市川英治 씨 및 필자 촬영)

찌기 전에 원료에 물을 뿌린다.

찐 원료를 이처럼 구멍에 넣고, 이 위에 흙을 덮으면 발효가 시작된다.

길면 한 달 동안이나 발효시킨다. 발효가 끝나면 우선 구멍을 덮고 있던 흙을 제거하고 다음으로 이처럼 알코올을 함유한 발효물(주배酒醅)을 파낸다. 이것을 증류한 것이 바이주이다.

고 있는 효모가 작용하여 알코올과 향기 성분을 생성한다.

발효교는 오래될수록 좋다. 그 이유는 그 구멍의 토벽과 토상에는 효모를 대표로 하여 명주를 발효시키기 위해 꼭 필요한 뛰어난 발효미생물총(미크로후로라)이 다수 있는데, 이것이 제품의 우열을 결정짓는 커다란 요인이 되기 때문이다. 그 때문에 새로운 발효교를 파면, 오래된 구멍(이것을 노교老窖라고 한다)의 바닥과 벽의 흙을 조금 가져와 이것을 새로 판 구멍의 흙에 배양한 후, 새로운 구멍의 토벽과 토상에 바른다. 유명한 노교가 될 때까지는 적어도 20년 이상 걸리는데, 오래된 구멍의 술일수록 가격이 비싸다.

고체 발효가 끝나면 구멍 위에 쌓은 흙을 제거하고, 구멍 속에서 발효를 끝마친 알코올 냄새가 풀풀 나는 발효물을 파낸다. 이 고체 상태의 발효물을 주배라고 부르는데, 주배에는 알코올 분을 5~8%나 함유하고 있다. 이것을 증류용 시루에 넣고 증류하는데, 이때도 중국 특유의 찌는 방법을 이용하여 합리적으로 찐다. 우선 앞으로 발효시킬 고체발효 원료를 증류용 시루에 넣은 뒤 발효를 마친 고체 상태의 주배를 쌓은 다음, 밑에서 증기를 보내 찌는 것이다. 이렇게 함으로써, 다음에 발효시킬 원료가 쪄짐과 동시에 발효를 마친 주배가 증류되기 때문에, 그야말로 일석이조의 훌륭한 방법이다.

단 한 번의 증류로, 알코올 분은 무려 55~70%의 높은 농도가 되는 것이 이 고체 발효의 최대 특징이다. 물이 많이 존재하는 액체의 증류에서는 도저히 할 수 없는 이점이다. 따라서 마오타이주로 대표되는 중국의 바이주는 세계에서 가장 알코올 도수가 높은 증류주로서 유명하다. 증류 후의 술은 단지나 탱크에 오래 저장, 숙성되어 여러 가지 명주가 되어 출하된다. 그중에서도 마오타이주, 펀주(汾酒), 우량예(五粮液), 구징궁주(古井貢酒), 다취주(大曲酒), 루저우라오자오주(瀘州老窖酒), 시펑주(西鳳酒) 등은 유명한 술이다.

중국에서 왜 이처럼 술 빚기에 고체 발효법이 사용됐는지에 대해서는 아직 잘 모르지만, 바이주 공장이 많은 곳에는 이상하게도 양조 용수가 적은 지방이 많아, 물을 절약하기 위한 지혜가 아니었을까 여겨진다. 하지만 필자의 추측으로는 중국의 수천 년의 식 전통과 역사로 보면, 그런 단순한 이유가 아니라는 것은 분명하다. 실은 발효를 마친 주배를 증류했을 때 나오는 술지게미의 사용법에, 그 문제를 푸는 열쇠가 내재되어 있는 듯하다.

필자의 생각으로는, 이 증류 술지게미에는 단백질과 탄수화물, 비타민 등이 매우 풍부하게 존재하고 있어, 이상적인 발효 사료가 된다. 중국에서는 예전부터 이 술지게미를 다산으로 유명한 매산돈(梅山豚)이라는 돼지에게 먹이는 귀중한 사료로 삼고 있다. 돼지는 이 술지게미를 먹고 점점 커져, 바이주의 안주로서 식탁에 올라간다. 그리고 돼지의 분뇨는 밭에 뿌려져 바이주의 원료를 키우는 유기 비료가 된다. 즉 원료를 고체 발효시켜 거기서 술을 얻고, 돼지고기를 얻고 그리고 원료 곡물까지 얻는다는 훌륭한 리사이클이 성립하여, 어디로 보나 낭비 없는 기적의 발효를 전개하고 있는 것이다.

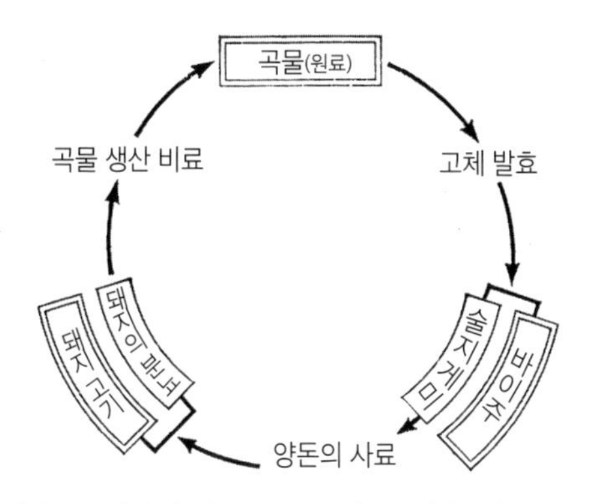

고체 발효에서 중국의 '술과 안주(고기) 곡물원료의 생산순환' 표(고이즈미小泉 설)

신기한 발효 기호물

어떠한 민족에게도 먹는 행위는 생명유지의 기본행위이기 때문에, 그에 대해 예전부터 다양한 지혜가 가득했다. 일본 가다랑어포의 예를 봐도, 회로 먹는 그 부드러운 가다랑어가 발효를 거쳐 제품이 되면 이번에는 완전히 바뀌어 전 세계에서 가장 견고한 음식이 되는 등 그야말로 기적적인 발효이다. 전 세계에 점재하는 많은 민족은 많든 적든 이와 같은 지혜의 발효를 몇 가지 지니고 있다. 여기서는 그것들 중에서 몇 가지를 소개하여, 이러한 신기한 발효가 지구 곳곳에 많이 있다는 증거로 삼겠다.

❖ 오기리

나이지리아 요르바족의 발효조미액. 참외과의 식물 씨앗과 로커스트콩을 삶은 후 이것을 삶은 국물째로 4일 정도 발효시켜 강한 산미가 생기면, 스튜용과 소스용으로 사용한다.

◈ 숨발라 된장

서아프리카 사반나 주민의 발효식품. 콩과 식물의 일종으로 현지어로 '네레'라고 하는 커다란 나무(높이 10~20미터)의, 강두 콩깍지를 길고 굵게 편 것 같은 것에서 심을 제거하고 콩깍지 안에 있는 검은 콩(종자)을 꺼내 뭉근한 불로 졸인다. 부드러워지면 절굿공이와 나무 절구로 가볍게 찧어 껍질을 제거한다. 이것을 소쿠리에 넣어 물로 씻고, 나뭇잎이나 거적으로 덮어두면 발효가 일어나 특유의 냄새를 가진 검은색의 조미료가 만들어진다.

소금을 첨가하지 않은 발효인 탓에, 부패할 위험성이 있는데도 발효가 되는 것이 참으로 신기하다. 아마도 그 발효의 주체는, 유산균과 초산균 같은 유기산 발효로, 거기에 생성된 유기산 때문에 발효액의 수소 이온 농도(pH)가 저하되어 부패균의 번식을 억제하는 것으로 보인다. 이렇게 만들어진 발효물은 주식인 곡물과 반죽하여 먹거나 스프로 만든다.

◈ 키비악

캐나디안 이누이트(에스키모)의 신기한 발효 식품. 바다제비의 일종인 아파리아스(Appaliarsuk)를 반쯤 삭인 상태의 보존식이다. 아파리아스라는 바다제비가 재료인데, 이를 사전 조리도 하지 않는 상태 그대로 바다표범의 내장을 뺀 뒤 그 속에 눌러 넣고, 두꺼운 낚시 줄로 배를 꿰맨다. 이 바다표범을 땅을 파서 구멍에 넣고, 그 위에 정성스럽게 돌을 쌓아 감춘다. 이 누름돌은 들개나 여우 등이 먹지 못하도록 하기 위한 것도 있다. 이렇게 1년 정도 발효시키면, 아파리아스는 바다표범의 두꺼운 피하지방 안에서 유산균, 낙산균, 효모 등에 의해 발효되어, 일본의 구사야보다 더 심하고 강렬한 특유의 냄새를 풍기게 된다.

먹는 방법은 누름돌을 제거하고 바다표범의 꿰맨 줄을 자른 다음 안에서 걸쭉하게 녹은 상태의 아파리아스를 꺼내, 그대로 먹거나 카리브(북아메리카의 순록)나 바다표범 고기에 맛을 내기 위해 조금 찍어 먹는다. 북극권이라는 신선한 채소나 과일에서 비타민을 충분히 보급할 수 없는 생활환경 속에서 미생물에 의한 발효로 비타민을 만들어, 새고기와 함께 그것을 섭취한다는 훌륭한 생활의 지혜를 이런 땅 끝에서도 볼 수 있다. 따라서 '북극권에는 발효 기호물이 없다'라는 설은 부정된 것이다.

아나루와

우간다의 바토로족의 바나나술. 바나나 밭 안에 판 직경 1.8~2미터, 깊이 60~80센티미터의 반구형의 커다란 구멍에 덜 익은 푸른 바나나를 포함한 원료 바나나를 투입하고 그 위를 바나나 잎으로 덮는다. 이 구멍 중앙에 직경 30~40센티미터 정도의 통 같은 화로를 놓고, 첫날만 그 화로 안에 불을 넣어 구멍 전체를 데운다. 이틀째부터 발효에 의해 바나나의 온도가 올라가기 때문에, 화로에는 불을 넣지 않고 위를 바나나 잎으로 덮은 후, 그 위에 흙을 덮어 4~5일간 발효를 계속한다. 이렇게 하면 덜 익은 바나나도 완전히 숙성하여 원료 전체의 당분도 높아진다.

다음으로 이것을 파내 당화가 끝난 바나나의 껍질을 벗겨, 그것을 지금의 당화 구멍 옆에 판 액화 구멍에 넣는다. 이 액화 구멍은 직경 1.5미터, 깊이 20센티미터이고, 구멍 바닥에는 바나나 잎과 줄기 껍질이 몇 겹이고 깔려 있어, 즙이 아래로 침투하지 못하도록 고안되었다. 바나나 위에 적당량의 물을 부은 뒤, 어른 한 명이 들어가 발로 밟아 이 바나나를 걸쭉하게 만든다. 이때 '에소조'라는 풀을 넣는데, 이것은 분쇄를 원활하게 하고 이 후에 작업하는 간이 여과를 원활하게 하며 이 풀이 가진 향을 술에 부여한다.

충분히 발로 밟아 액화된 바나나 과즙을 국자로 퍼서, 직경 30센티미터나 되는 커다란 호리병박으로 만든 여과기에서 여과한다. 이 호리병박 여과기는 호리병박의 밑을 도려내고, 그 밑이 뚫린 호리병방 안에 섬유질이 많은 풀을 채워 넣는다. 그것이 필터의 역할을 하는 셈이다.

위에서 바나나 술을 부으면 여액이 통나무 배 모양의 발효기에 모인다. 그 위에 바나나 잎으로 뚜껑을 덮어두면, 즉시 효모가 알코올 발효를 일으켜 부글부글 끓어오른다. 발효는 이틀 동안 시키는데, 바나나 100개에서 알코올 분 3~4%의 바나나 술이 약 150리터 만들어진다.

◈ 난백분

중국에서 행해지는 발효건조 난백분(卵白粉). 난백을 발효조에 넣고 여름에는 2~3일, 가을에는 4~5일, 겨울에는 1~2주 동안 발효시켜, 이것을 여과한 후 건조시켜 분말로 만들어 제품으로 삼는다. 발효시키는 목적은 난백 중에 혼입된 난백막 및 배자(胚子) 등을 발효할 때의 거품과 함께 표면으로 뜨게 한 후 그것을 제거하여 제품을 순백 투명하게 하기 위해서다.

발효시킨 것은 매우 결이 고운 우량품이 되는데, 이 발효 건조 난백은 요리와 과자용으로 사용하는 외에, 자양제, 화장품 원료, 염색 공예 등에 사용되고 있다.

염료의 발효

예전부터 전승되어온 발효 기술은 식료와 음료 같은 것에 한정된 것은 아니다. 지금부터 언급할 염료도 발효와 무관하지 않다. 쪽빛의 원료인 쪽의 주산지, 도쿠시마현 이타노군 아이즈미초에서는 잘라낸 잎을 우선 말린 다음 발효실에서 발효시켜, '스쿠모'(染, 쪽잎을 발효시켜 만든 염료-역주)를 만든다. 이때 발효 정도에 따라 만들어진 스쿠모의 좋고 나쁨의 차가 생기기 때문에, 발효에 신경이 쓰이는 것은 당연하다. 한편 후쿠시마현 구루메가스리(久留米絣, 후쿠시마현 구루메 지방에서 나는 감색 바탕에 비백무늬가 있는 무명 옷감-역주)의 쪽빛의 비법에서도, 발효는 염료 제조의 묘법(妙法)으로서 행해진다. 발효를 일으키는 미생물은 효모인데, 발효 중에 탄산가스가 발생해 거품이 생긴다. 효모가 단지 안에서 발효될 때 다양한 생산물과 효소군이 색채 조절에 미묘한 효과를 가져온다고 여겨진다.

또 발효 중에 술을 첨가하는 경우도 있다. 예를 들어, 구루메가스리에서는 발효 중의 단지에 청주를 첨가하거나, 아이즈미초에서는 쪽을 발효시킨 스쿠모를 굳혀 염료를 만들고 여기에 고급 청주 세 되를 붓는다. 또 오키나와현 이시가키시에서는 발효 중인 쪽에 떡갈나무 목탄과 알코올 40%의 아와모리(오키나와 특산의 소주-역주)를 섞어, 미묘한 색을 조합한다. 이처럼 염료에 술을 첨가하는 것은 일본뿐만이 아니다. 인도 사라사에는 야자 술을 넣거나, 아프리카에서는 코코넛 술을 넣는 등의 예도 보인다.

어쨌거나 그 아름답고 고운 천의 염료에까지 발효 기술을 도입한 것은 고도의 지혜이다. 다음에는 몇 가지 염료의 발효에 대해 언급하겠다.

인도 사라사의 명산지 중 한 곳인 마술리파탐에서 생산되는 사라사의 검은색 조절이 재미있다. 우선 쇠 부스러기를 지상에 놓고, 그 위에서 건조한 바나나 잎을 태운다. 태운 쇠 부스러기를 용기에 넣고, 그 위에 펄펄 끓는 '간지'(미음)를 붓는다. 간지 대신 종려나무 술(야자 술) 또는 코코넛 술을 사용하는 경우도 있다. 이렇게 한 것을 6~8일간 발효시키면, 선명한 철매염의 검은색이 만들어진다.

아프리카 부족의 염료 만들기에도 오랜 전통이 있는 것이 많다. 예를 들면, 서아프리카 내륙의 사바나 지대에 사는 모시족은, 이

지방에 많은 콩과 식물인 페그넨가의 껍질을 부드럽게 만들고 여기에 각종 염색을 하여 장식한다.

껍질을 부드럽게 만드는 방법은 페그넨가 열매를 콩깍지째로 깨뜨려 물에 담근다. 그 안에 페그넨가 껍질을 며칠이고 담가두었다가 잘 주물러 부드럽게 한다. 다음으로 이것을 소금과 모래 혼합물로 계속 비비다가 물로 씻고 햇볕에 말리면 하얗고 고운 수피가 만들어진다. 이것을 검은색으로 물들이기 위해서는, 그 수피를 염료의 원료인 등대풀과인 관목 나포그시가 잎과 줄기를 찧은 것과 함께 30분 정도 끓인 후, 7~10일 동안 진흙 안에 묻어 발효시킨 다음 착색시킨다.

쪽빛으로 염색하기 위해서는 콩과 식물 가레 잎을 목탄과 소똥으로 잘 반죽하여, 이것을 땅에 판 구멍에 묻고 20일 정도 발효시킨 것을 사용한다. 동물의 똥을 섞어 발효에 기세를 더하는 방법은 아프리카뿐만 아니라 인도나 파키스탄 등에서 소똥, 중근동에서 낙타 똥 등 자주 사용하는 수법이다.

한편, 일본에서도 염료 제조에 발효 공정을 중요한 기술로 여기고, 이 전통을 소중히 지켜온 명염지(名染地)도 적지 않다. 구르메가스리의 쪽빛 염색은 유명한데, 여기서의 순수한 쪽빛 염색 기법에 발효는 중요한 역할을 한다. 재료는 쪽(쪽잎만을 발효시켜 만든 극상의 것), 물, 소다회, 물엿, 조개가루로, 우선 적정량의 끓인 물에 이 재료들을 넣고 하룻밤 나무통 안에 둔다. 그동안 4, 5회 휘저어 섞는다. 다음 날 깊이 약 180센티미터 정도의 단지에 옮긴 후 매일 1~2

회 휘저어 섞어주면서 30도씨로 약 15일 정도 발효시킨다. 발효 기간 중 액의 표면은 발효로 인해 거품이 나는데, 이때 관리가 충분하지 못하면 발효가 느려져 색의 조화가 무너지므로, 이럴 때는 다른 단지에서 활발히 발효하고 있는 것을 조금 첨가하거나, 밀기울이나 포도당, 물엿 등을 넣어 기세를 북돋아 준다.

이렇게 만들어진 발효 염색액에 미리 물에 담가 하나로 합쳐둔 실을 적셔서는 짜고 하는 일을 반복한다. 대략 12개의 단지를 준비하여, 색이 옅은 것에서 서서히 진한 것으로 염색해간다. 쪽빛은 공기를 접하면서 멋진 진한 파란색으로 염색되므로, 짤 때마다 바닥에 세게 내리쳐서 섬유 속까지 공기를 잘 통하게 하여 염색을 잘 되게 한다. 이 염색, 짜기, 내리치기의 공정을 약 30회 정도 반복하면, 그 신비하고 깊은 감색 실이 완성된다.

야마가타현 베니바나(紅花, 잇꽃)도 유명하다. 그중에서도 대표적인 모가미베니바나(最上紅花)는 우선 생화를 물에 잘 씻고 흰털을 제거한 후 나무 물통에 넣고, 물을 붓고 발로 잘 밟아 꽃잎에 함유되어 있는 황기(黃氣)를 빼낸다. 이 황기즙은 집에서 염료로 사용한다. 다음으로 밟은 꽃을 소쿠리에 넣고, 흐르는 물로 잘 씻어 황기를 흘려보내는 작업을 몇 회 반복한다. 이 꽃을 찜통에 2센티미터 정도의 두께로 펴고, 여기에 거적을 덮은 후 매일 소량의 물을 위에서 부으며 그늘에 며칠간 두면서 발효시킨다. 발효시킨 꽃을 다시 나무 물통에 옮겨 손으로 주무르거나 발로 밟거나 하여 찰기가 나오면 떡 모양으로 덩어리를 작게 뜯어, 얇게 편 타원 모양으로 만들어, 멍석에 펴고서 햇볕에 말린다. 이것이 꽃떡이다. 이 꽃떡은 주홍색 염료, 립스틱과 붉은 색 식용색소의 염료가 되기 때문에 예전부터 매우 사랑받았다.

도쿠시마현 아와(阿波) 쪽의 원료는 요람(蓼藍)이다. 요람의 건조시킨 잎에 물을 부어 쌓고, 때때로 섞으면서 2~3개월 동안 발효시켜 스쿠모를 만든다. 이것을 찧어서 굳힌 것이 아이다마(藍玉)로, 이 아이다마의 발효를 포함해서 대부분의 염료 발효는, 효모가 주체인 발효이다. 이 외에 오키나와현의 니람(泥藍, 쪽가루-역주) 발효도 유명하다.

일본 각지에 전승된 지혜의 발효

산자수명(山紫水明)의 땅에 기후와 풍토에도 축복을 받아, 예전부터 일본은 다른 나라에 유례가 없을 정도로 미생물을 응용하는 데 뛰어났다. 그 전통적 기량은 결국 오늘날, 세계 발효공업의 최첨단을 리드하기까지에 이르렀다. 일본의 발효기술이 이 정도까지 발전한 배경은 오랫동안 이 민족의 생활 속에서 탄생한 다양한 지혜와 궁리가 쌓였기 때문이다.

그 증거는 세계 어느 곳을 찾아보아도 볼 수 없는, 그야말로 유니크하고 깊은 지혜의 발효가 예전부터 일본 각지 여기저기서 볼 수 있는 것을 봐도 분명하다. 앞으로 소개할 그러한 발효는 지금은 이미 필요성이 없어서 사라져 버린 것도 많은데, 그러한 발효를 다시 꺼내 다시 한 번 그 진수를 접할 때, 인간의 지혜라는 것이 얼마나 깊고 고귀한 것인지를 헤아릴 수 있을 것이다. 이하에서 일본 전국에 오래전부터 전승되어온 지혜의 발효를 소개하겠다.

◈ 감물

감물은 중세 이후 서민 생활에 있어서 없어서는 안 될 필수품이었다. 그 때문에 근세에는 에도, 교토, 오사카 등 인구가 집중되는 도시에는 감물도매상도 형성되었고, 또 야마시로(山城, 교토 남부), 미노(美濃, 기후현 남부), 빈고(備後, 히로시마현 동부) 등 전국 각지에 산지도 형성되었다. 1697년의 『농업전서(農業全書)』, 1859년의 『광익국산고(広益国産考)』 등에는 감물의 효용과 제법이 상세히 풀이되어 있다.

떫은 맛이란 일반적으로 타닌질을 말하는데, 감물이 그 대표적인 것이다. 감물의 주성분은 시부올이라는 타닌의 일종으로, 이것을 섬유질(천, 종이, 나무 등)에 도포하면, 시부올에 의한 수렴성(収斂性, 수축시키는 성질-역주)이 일어나 방수성이 생기는 데다, 방부성도 생기기 때문에, 우산, 부채, 판자 울타리 등에 바르는 천연 염료로 쓰였다. 또 제이철염과 결합하여 푸른 색 또는 검은 색을 띠기 때문에 염료로서도 이용되었다. 더 나아가 일본주의 청징제(清澄剤)로서도 애용되는 등 오늘날에도 일정한 수요가 있다.

감이 가장 떫은 맛을 내는 8월 중순 무렵부터 원료인 감을 모은다. 수확한 동그란 원료 감을 다마시부(玉渋)라고 부르는데, 이것을 채취한 후 그대로 방치해두면 질이 좋지 않은 감물이 만들어지므로 수확한 그날 중에 만들도록 한다.

그 순서는 우선 다마시부를 부수고(예전에는 절구와 절구공이로 찧었는데 1935년 무렵 파쇄기가 도입되었다), 이 부순 다마시부를 '모로미'라고 부르는데 이것을 커다란 나무통에 넣은 후 소량의 물을 첨가해 잘 휘저어 발효되기를 기다린다. 만든 후 4~5일 경과하면, 왕성하게 탄산가스가 끓어, 특유의 이취를 풍기며 발효가 시작되는데, 이것을 그대로 방치하면 썩어버리기 때문에 '훈고미'라는 작업을 한다. 훈고미란 커다란 통에 사람이 들어가 한 시간 정도 모로미를 밟는 작업으로 이것을 하루에 2~3회, 일주일 정도 계속한다.

발효, 숙성을 끝낸 모로미는 자루에 넣어 세게 눌러 감물을 짠다. 처음에 나온 감물을 첫 번째 감물이라고 한다. 자루에 남은 찌꺼기를 다시 통에 넣고 물을 첨가하여 일주일 정도 재발효시키며 이를 짜면 두 번째 감물이 만들어진다. 이렇게 만들어진 감물은 큰 통이나 단지에 모아두는데, 저장 기간 중에도 어느 정도 발효를 계속하기 때문에, 3~6개월 정도는 그대로 둔다. 발효가 진정되고 충분히 숙성됐을 무렵 4말 들이 통에 넣어 출하한다. 발효의 목적은 시부올을 균일하게 분산시킨 후 안정시켜, 도료나 염료로 만들었을 때 수렴이 잘 되서 바른 부분을 매끈하게 하기 위해서다. 발효미생물은 주로 *Bacillus subtilis*(바실러스 서브틸리스)와 *Clostridium*(클로스트리디움)속 같은 세균이기 때문에, 발효 중에 초산, 낙산, 프로피온산 등을 생성하여 불쾌한 시큼한 냄새를 감돌게 한다.

감물을 주로 출하하는 곳은 우산 제조업, 염색업, 어망 제조, 칠기(漆器)업, 도장(塗裝)업, 약용(화상, 벌레 물림, 중풍, 뇌졸중, 고혈압 등의 민간 약으로 사용되었다), 일본주 양조업(청주를 깨끗하게 하기 위한 여과제나, 술을 짤 때 자루의 눈을 막기 위한 처리) 등이다.

또, 감물의 주요 생산지는 사이타마현 아카야마시부(赤山渋, 지금의 가와구치, 우라와, 오미야, 이와쓰기의 4개의 시가 경계를 접하는 지역), 빈고시부(備後渋, 히로시마현 동부), 이비시부(揖斐渋, 기후현 남서부), 미노시부(美農渋, 기후현 남부), 야마지로시부(山城渋, 교토부 남부), 엣쥬시부(越中渋, 도야마현), 아이즈시부(会津渋, 후쿠시마현), 신슈시부(信州渋, 나가노현) 등 광범위하게 걸쳐 있다. 또한 오늘날에도 전국에는 감물 제조업이 남아 있어, 예전 방식의 발효를 지키고 있다.

◈ 네도치

주로 기후현 미노, 히다를 대표로 중부 일본에서 동 일본에 걸쳐 보이는 칠엽수 열매를 원료로 한 발효 식품이다. 9월 1일 지나서 떨어지는 칠엽수 열매를 채집하여 햇볕에 충분히 건조시키거나 땅에 구멍을 파서 묻어 두어, 가공할 때까지 보존한다. 열매 껍질을 벗긴 후, 목탄과 석탄을 넣은 뜨거운 물로 두 시간 정도 삶는다. 이것을 양동이 같은 용기에 옮겨, 열매를 주물러 걸쭉하게 만들고, 물을 타서 묽게 한 다음 고운 채로 여과한다. 체에 남은 전분 주체 부분에, 벗긴 칠엽수 열매 껍질을 첨가해 잘 섞은 후 도치 선반(고운 발에 짚을 사방에 깐 선반)에 올리고, 여기에 천을 씌워 물을 그 위에 붓는다.

물을 다 부은 후 물기를 뺀 다음 용기에 넣고, 따뜻한 곳에 두면 며칠 후 발효하기 시작하므로 2주일 동안 계속한다. 도중에 된장을 섞어 조미하여, 발효 숙성을 증진시킨다. 먹을 때는, 이것을 센베이처럼 평평하게 펴서 구워 먹는데, 그 소박한 맛과 향긋함은 깊은 향수를 불러일으킨다.

기석차

고치현 오토요초(大豊町, 도쿠시마현과의 경계)의 기석차(碁石茶)는 발효법을 도입한 고풍의 제조 기술로 주목받은 차이다. 그 재미있는 이름은 발효를 마친 찻잎을 절구에 넣어 찧고, 그것을 손으로 경단 모양으로 굳힐 때, 그 모양이 바둑돌과 비슷해서 그런 이름이 붙여졌다고 하는데, 현지에서 오랫동안 기석차 제조를 하고 있는 노인에 의하면 발효 공정을 마친 찻잎을 메후리라는 대나무로 만든 소쿠리에 넣고 흔들어 재우는 동안, 모서리가 떨어져 바둑돌 모양이 되기 때문이라고 한다.

자생의 동백나무 잎을 찜통에 넣고 2시간 정도 찐다. 다 찌면 잔가지를 제거하고 잎만을 멍석에 펴서 40~60센티미터의 두께로 쌓고, 그 위에 거적을 씌워 5~7일간 전(前)발효시킨다. 다음으로 차를 담근 나무통에 이 차를 옮기고 차솥에 담긴 차 국물을 위에서 적당히 부으면서 찻잎을 발로 밟은 후 누름돌로 눌러 10일 동안 본(本)발효시킨다. 발효가 끝나면 차를 자르는 칼로 더 잘게 잘라, 다시 통에 넣어 발로 밟아 다진 뒤, 2~3일 동안 후(後)발효시킨 것을 메후리에 넣어 재운 뒤 멍석에 펴서 직사광선으로 말려 제품으로 만든다.

그 수요는 그 고장보다도 가가와현 시와쿠(塩飽) 제도의 차죽용 차로서 유명한데, 그 이유는 섬의 물은 염분을 다량 함유하고 있어서, 이 약간 짠 맛과 기석차의 떫은 맛, 그리고 발효차 특유의 향기가 섬사람들의 식성과 딱 맞기 때문이라고 한다.

이 발효는 전발효가 곰팡이류, 본발효가 유산균과 낙산균 같은 세균, 후발효는 그들 미생물이 분비한 효소의 숙성작용에 의해 진행되는 듯한데, 어쨌거나 차를 만들기 위해서 3단계로 나눠서 발효시키는 제조 방법은 흥미롭기 그지없다.

◈ 나라즈케

나라즈케(楢漬け)는 도토리를 발효한 식품. 도토리를 주워 모아 햇볕에 3일 정도 건조시킨 후 그것을 그대로 절구에 넣고 절구공이로 빻는다. 겉껍질과 알맹이가 함께 섞인 것을 체로 쳐서 껍질을 제거하고 알맹이만을 모은다. 이것을 삼베 자루에 넣고, 흐르는 물에 5일 정도 두어 쓴맛을 제거한다. 이것을 커다란 냄비에 넣어 뭉근한 불로 하루 밤낮 끓여, 쓴 맛을 완전히 제거한다. 이것을 걸러 건조시켜 갈아서 가루로 만들어, 뜨거운 물을 부은 후 체온 정도로 식었을 때 소금과 누룩을 첨가해 뚜껑이 있는 용기 안에서 발효시키면 2개월 정도 후에 완성된다.

먹을 때는 이 끈적끈적한 상태의 것을 그대로 밥에 발라 먹거나,

채소를 절이거나, 된장국에 넣어 먹거나 하며 사랑받아왔다.

◈ 온토레바카무

아이누의 발효 식품의 하나. 아이누는 100종 이상의 식물을 늘 사용하는데, 그 대표적인 것이 산마늘과 오우바유리(백합과의 다년초-역주)이다. 그중에서도 이 오우바유리의 뿌리는 전분질을 중심으로 고품질 다당류로 이루어져, 젊은 뿌리는 그대로 뜨거운 재 안에 넣고 굽거나 죽에 넣어 끓여서 먹는다.

오우바유리 전성기에 그 뿌리를 대량으로 채집하여 잘 씻어, 절구에 넣고 절구공이로 찧는다. 거칠게 부서진 것을 눈이 고운 천에 넣고 물로 여러 번 씻어, 고급 가루를 얻는다. 이 가루를 머위나 일본목련 잎으로 싸서 구우면 식욕을 돋을 정도의 냄새를 발하는데 적당한 단맛과 서로 작용하여 인기가 높은 음식이었다.

양질의 전분을 뺀 남은 찌꺼기는, 풀로 짠 돗자리로 싸서 그대로 방치하면서, 10~15일 동안 발효시킨다. 이 발효물을 온카(onka)라고 부르는데, 이것은 '발효시키다'라는 의미이다. 이것을 나무 대접에 옮겨 담고 으깬 후 잘 반죽하면서 직경 15~20센티미터 정도의 원반 모양으로 만든다. 빨리 건조하도록 원반 여기저기에 구멍을 뚫어 표면적을 넓혀, 야외 볕이 잘 드는 곳이나 실내 이로리(방바닥의 일부를 네모나게 잘라 내고, 그곳에 재를 깔아 취사용, 난방용으로 불을 피우는 장치-역주) 위의 천장에 달린 선반 등에 매달아 건빵처럼 말려서 굳힌다. 이것을 온토레바카무(on-ture-pakam, 발효시킨 백합 뿌리의 원반)라고 한다.

이 건빵은 보존할 수 있기 때문에 식량이 부족한 겨울에 먹었다. 먹는 법은 작은 칼로 잘라 물에 넣는데, 물을 갈아가면서 부드러워질 때까지 담가 둔 다음, 그것을 죽에 넣거나 기름에 볶아 먹었다. 또한 아이누에게는 예전부터 술과 발효 조미료 같은 것에 특유한 것이 많이 전해져 내려오는데, 발효에 대한 지혜가 몹시 뛰어났다는 것을 알 수 있다.

◈ 이시리

이시리(지역에 따라서는 이시루, 에시리, 요시리 등)는 이시카와현 오쿠노토 지방에서 오래전부터 만들어지고 있는, 어패류를 원료로 한 발효 조미료이다.

오징어와 정어리를 가공할 때 나오는 머리와 내장에 30% 정도의 소금을 섞어, 통에 담아 7~9개월 동안 발효, 숙성시킨 후 액젓을 꺼내 제품으로 만든다. 이용법은 회를 찍어 먹는 간장이나 절임에 사용하는 간장, 꼬치구이 양념, 해물탕 양념, 채소 절임의 양념 등으로 애용되었다.

◈ 슴새의 육장

이즈 제도의 미쿠라(御蔵) 섬에서는 예전부터 슴새를 중요한 식량원으로 삼았다. 그 조리법 중 하나에 육장(肉醬)이 있다.

잡은 슴새의 깃털을 뽑고, 따뜻한 물에 담가 솜털도 제거한다.

고기는 소금에 절여 염장한 후, 먹을 때 소금을 제거하고 요리에 사용했는데, 날갯죽지 부위의 고기와 뼈, 내장 등을 망치로 으깨 부드러운 상태로 만들어, 여기에 소금과 함께 단지에 담아 발효시켜 육장을 만들었다. 이 육장은 신선초국의 맛을 내는 데 각별하여, 섬의 유명 요리 중 하나였다.

◈ 청각채

청각채는 고급 점성 천연 호료(糊料, 식품의 형태를 유지하고 감촉을 좋게 하는 물질-역주)로서 수요가 많다. 예를 들어 사(紗, 얇은 비단)에 풀을 먹일 때다. 이것을 병풍이나 족자의 비단에 바르면, 풀이 비단의 눈을 촘촘하게 하여, 번지는 걸 막아주기 때문에 미세한 선까지 그릴 수 있어서 선명한 그림이 가능하다. 미술, 공예, 토목, 건축, 생활용구 등 광범위하게 청각채가 사용된다.

2~6월에 채취한 원조(原藻, 풀가사리, 불등풀가사리, 각시개서실, 강리, 진두발, 비단풀 등)은 적당히 건조시킨 후 팽윤화(膨潤化)시키기 위해 발효시킨다. 발효는 축축하게 젖은 해조를 마루 위에 쌓거나, 섬에 넣어 2~3일 방치하면, 현저히 열을 내면서 발효가 진행된다. 이것을 마루 위에 편 후, 거적으로 만든 통에 넣어 물로 씻어서 염분을 제거하고 물기를 뺀 즉시 뜬다.

발 또는 거적 위에 얇고 균일하게 손으로 늘어놓거나, 종이를 뜨듯이 물속에서 균일하게 분포시킨 틀을 건져내 발 표면에 뜬 후 물기를 빼고 건조한다. 해조는 갈색 빛을 띠고 있으며 접착성이 있어서, 건조시키면 풀로 붙인 것처럼 붙어 한 장의 판자모양 청각채가 된다. 그 다음 여러 번 물을 뿌리고 직사광선에 쬐어 건조시키는 일을 반복하여 표백한다. 무색~담황색으로 만들어 제품화한다.

또한 해조의 발효는, 원조에서 요오드와 칼륨을 추출하는 데도 사용된다. 원료인 해조를 통 같은 용기 안에서 발효시키면, 해조에서 무기물이 분리되기 때문에, 그 발효액에서 요오드와 칼륨을 얻을 수 있는데, 동시에 호착제(糊着劑)로서 중요한 알긴산과 만니트 등도 대량으로 얻을 수 있다. 주로 세균과 효모에 의해 발효되는데, 그 발효로 원조 조직을 붕괴시켜 목적 성분을 용출시킬 수 있다.

또, 해조에는 마그네슘과 칼륨이 많이 포함되어 있기 때문에, 이것을 채취 후 쌓아서, 발효시킨 다음 퇴비로 만들었는데, 이것은 화학 비료가 나돌기 전까지 몹시 중요한 유기비료였다.

◈ 무두질

동물의 가죽을 원료로 하여 만든 가죽 제품은, 오늘날에는 언제나 손에 넣을 수 있지만 옛날에는 대단히 고급품이었다. 가죽을 제품으로 가공하기 전에, 사전준비로서 다양한 무두질 방법이 있는데, 그중에서도 발효를 이용한 무두질 법이 때때로 행해졌다.

우선 원료 가죽을 며칠간 물에 담근다. 그러고 나서 석회물에 다시 며칠간 담근 뒤, 털가죽 표면을 무딘 칼로 긁어내고, 가죽 뒷면도 긁는다. 다음으로 가죽에 흡수된 석회분을 적당하게 제거하기 위해, 가죽을 진득진득한 산성 용액에 담가 발효시킨다. 이 진득진득한 액은 밀기울(밀의 외피), 쌀겨, 닭똥을 섞어 발효시킨 것인데 표면에 거품을 내면서 세차게 발효가 진행된다. 이 액에 3일간 담가서 발효 처리 후, 이 진득진득한 것을 물로 씻은 후 타닌액에 담가 적셔 가공용 피혁으로 삼는다. 발효 처리한 가죽은 재질이 매우 좋아져서 가공하기도 쉬워진다.

◈ 염초 만들기

염초란 흑색화약의 주성분인 질산칼륨을 말한다. 즉 옛날에는, 화약도 지혜의 발효에 의해 만들어졌다. 가가(加賀)번에 상납하기 위해 엣쥬(도야마현) 고가야마 지방에 전승된 기적의 발효로, 1605년 무렵부터 만들어지기 시작했다.

염초의 생산 공정은 우선 몇 년에 걸쳐 염초토를 만드는 것부터 시작한다. 6월 무렵, 집의 이로리 주변 마루 밑에 2간(間, 약 3.6미터) 사방에 깔때기 모양의 구멍을 두 개 파서, 그 안에 피 껍질을 채우고 그 위에 수분이 약간 있는 양질의 흙(경작용과 산림부식토 등 비옥한 것)과 누에 똥 및 닭똥 섞은 것을 쌓는다. 또 메밀껍질, 쑥 잎과 줄기, 마 잎을 말리거나 찐 것 등을 그 위에 깔고, 또 흙과 누에 똥, 닭똥 섞은 것을 쌓는다. 이렇게 번갈아 가며 그것들을 쌓은 다음 마지막으로 인간의 소변을 대량으로 뿌린 후 그 위에 흙을 덮는다. 이 좌우의 발효 구멍의 딱 중간 정도 위치에 이로리가 오도록 한다. 이런 상태로 오랫동안 발효시키는데, 5~6년 후에 이것을 파낸다.

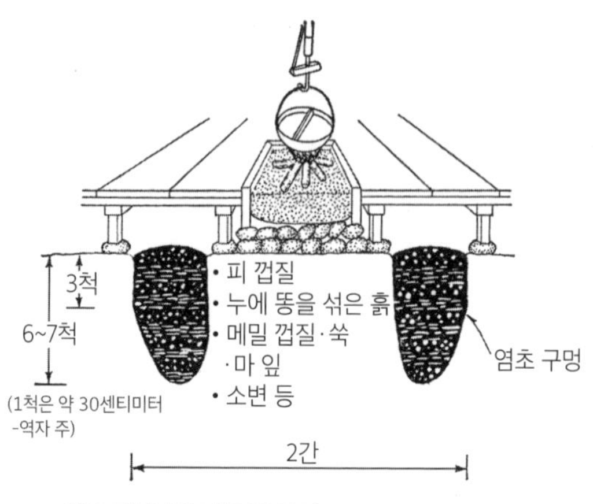

염초 만들기의 마루 밑 구멍 (『일본 민속문화 대계14』에서)

이 발효가 끝난 것을 염초토라고 부르는데, 밑에 구멍이 난 노송나무로 만든 통에 옮긴 뒤 위에서부터 물을 골고루 뿌리면서, 하루 밤낮에 걸쳐 스며들었다가 걸러진 물을 솥에서 바짝 졸인다. 도중에 풀과 나무를 태운 재를 첨가한 다음 여과된 여액(濾液)을 다시 바짝 졸인 다음 솜으로 거른다. 이것을 방치하여 자연 건조된 것이 회즙자(灰汁煮) 염초이다. 또 이것을 여러 번 정제하면 상자(上煮) 염초가 되는데, 이것을 가가번에 바쳤다. 메이지 중기까지 고가야마 지방에서는 염초 만들기가 중요한 산업이었는데, 그러는 중에 칠레 초석이 수입되기 시작하자 쇠퇴하여 1891년, 전면적으로 생산이 중단되었다.

염초 제조의 원리는 누에 똥과 닭똥, 인간의 소변에 함유되어 있는 요산($CO(NH_2)_2$)이 토양 중의 초산균을 중심으로 한 미생물의 작용을 받아 탈탄산되어 암모니아(NH_3)가 되고, 이것이 산화되어 우선 일산화질소(NO)가 된다. 다시금 이것이 산화되어 과산화질소(NO_3)가 되고, 여기에 물이 달라붙어 질산(HNO_3)이 된다. 한편 쑥의 잎과 줄기, 마 잎 등 식물과 풀과 나무를 태운 재에는 다량의 칼륨(K)이 함유되어 있는데, 이것도 발효에 의해 조직에서 떨어지면 질산과 결합하여 질산칼륨(KNO_3)이 생긴다는, 실로 면밀하게 계산된 고도의 화학이다.

누가 가장 먼저 생각해냈는지 전혀 알 수 없지만, 지금부터 약 400년 전에 정확한 화학적 근거를 배경으로 한 이 염초 발효라는 미생물의 응용은 당시의 화학력으로 판단하면 그야말로 초자연적이라고 할 정도로 기적적인 발효이다.

발효에 대해 극히 일부분을 본서를 통해 안 것만으로도, 그야말로 인간의 지혜와 발상은 무한하다고 할 수 있다. 거기에 떠도는 수많은 지혜는 인류에게 이 정도까지 발효 문화를 쌓아 올리게 했다. 최근 하루의 생활을 잘 생각해보면 아마 어떤 형태로든 발효물의 도움을 받지 않는 날은 전혀 없다고 해도 좋을 것이다. 이 정도까지 우리들의 생활에 밀착되어 있는 이 발효공업이, 눈으로 볼 수 없는 미세한 생물의 거대한 힘으로 이루어지는 신비성을 독자 여러분이 충분히 이해했다고 생각한다.

앞으로도 인간은 이 작은 거인들과 더욱더 깊은 관계를 가지고 공존하면서, 새롭고 훌륭한 문화를 창조해 나갈 텐데, 거기에는 반드시 지켜야만 하는 철칙이 있다는 사실도 잊어서는 안 된다. 그것은, '발효란, 어디까지나 인간 사회에 유익한 것일 것'이라는, 발효의 절대 정의이다. 이것을 불변의 것으로 자리매김하여 매진해 가는 한, 인간은 발효를 통해 더더욱 무수한 은혜를 받을 것이다.

마지막으로 오른쪽 사진은, 옛날부터 오늘날까지 다양한 발효산업을 지탱해온 눈에 보이지 않는 작은 거인, 미생물의 공양 무덤이다. 말하자면 세계에 하나밖에 없는 미생물의 묘비라고 생각해도 좋다. 발효 문화는 눈에 보이지 않는 엄청나게 많은 미생물의 희

균총 (교토시 만슈인曼殊院 절)

생에 의해 유지되는데, 많은 인간은 이만큼 굉장한 은혜를 받고 있는데도, 유용 미생물에 대해서 의외로 무관심하다. 이것을 반성하고 균의 고귀함을 기리고자 1981년에, 일본 발효학자 유지의 손에 의해 교토시 사교구 이치죠지 다케노우치초에 있는 유명한 절 만슈인에 이 균 무덤이 건립되었다. 본서의 원고를 다 쓰고 나서, 만슈인의 주지 스님을 방문해 생물에 대해서 귀중한 이야기를 들었다. 사람은 결코 사람만으로 이루어지지 않는다. 자연의 위대함 속에 감싸여 이루어진다. 그 자연의 위대함을 만들어내는 원점이, 본서의 주제였던 미생물의 발효작용에 의한 것임을 새삼스레 인식하며 나는 균총에 합장했다.

참고문헌

- 『발효공업(発酵工業)』 일본화학회(日本化学会) 엮음, 대일본도서(大日本図書), 1973년
- 『지구의 미생물(地球の微生物)』 쓰루 노부야(都留信也) 저, 대일본도서(大日本図書), 1975년
- 『응용미생물학(応用微生物学)』 아이다 히로야(相田浩也) 저, 아사쿠라쇼텐(朝倉書店), 1976년
- 『미생물학(微生物学)』 (상, 하) R·Y 스테이너 외 저, 다카하시 하지메(高橋甫) 외 번역, 바이후칸(培風館), 1978년
- 『미생물학(微生物学)』 도모에다 미키오(友枝幹夫) 엮음, 고가쿠출판(弘学出版), 1980년
- 『미생물학 입문(微生物学入門)』 R·Y 스테이너 외 저, 다카하시 하지메(高橋甫) 외 번역, 바이후칸(培風館), 1980년
- 『술 이야기(酒の話)』 고이즈미 다케오(小泉武夫) 저, 고단샤현대신서(講談社現代新書), 1982년
- 『재의 문화지(灰の文化誌)』 고이즈미 다케오(小泉武夫) 저, 리브로포토(リブロポート), 1984년
- 『누룩곰팡이와 누룩 이야기(麹カビと麹の話)』 고이즈미 다케오(小泉武夫) 저, 고린(光琳), 1984년
- 『미생물 생태학(微生物生態学)』 R·캠벨 저, 데쓰카 야스히코(手塚泰彦)·다키이 스스무(滝井進) 공동번역, 바이후칸(培風館), 1985년
- 『헤이본샤 대백과사전(平凡社 大百科事典)』 헤이본샤(平凡社), 1985년
- 『미생물의 에너지 대사(微生物のエネルギー代謝)』 야마나카 다케오(山中健生) 저, 각카이슛빤센터(学会出版センター), 1986년
- 『정설 응용미생물학(精説 応用微生物学)』 아마하 미키오(天羽幹夫) 외 저, 고세이칸(光生館), 1986년
- 『일본민속문화대계14(日本民俗文化大系14)』 모리 고이치(森浩一) 외 엮음, 쇼가쿠칸(小学館), 1986년
- 『대지의 미생물 세계(大地の微生物世界)』 핫토리 쓰토무(服部勉) 저, 이와나미신서(岩波新書), 1987년
- 『일본양조잡지(日本醸造雑誌)』 일본양조협회(日本醸造協会)
- *Industrial Microbiology,* Prescott and Dunn, McGraw-Hill Book Co. Inc., 1949

지은이 **고이즈미 다케오**(小泉武夫)

1943년 후쿠시마현 양조장 집에서 태어났다. 도쿄농업대학 농학부 양조학과를 졸업했으며, 농학박사가 되었다. 도쿄농업대학 명예교수이며, 현재 히로시마대학, 가고시마대학, 류큐대학, 이시카와현립대학 객원 교수를 역임하고 있다. 전공은 양조학, 발효학, 식문화론이다.
저서로는 『발효 식품 예찬(発酵食品礼讃)』, 『발효는 연금술이다(発酵は錬金術である)』, 『간장 · 된장 · 식초는 대단하다(醤油·味噌·酢はすごい)』, 『술 이야기(酒の話)』, 『고이즈미 다케오의 기적의 식문화론(小泉武夫のミラクル食文化論)』 등 다수가 있다.

옮긴이 **장현주**

일어일문학을 전공하고, 일본 문학을 더 깊이 연구하고자 일본으로 건너가 분쿄대학과 대학원에서 공부한 뒤 석사 학위를 받았다. 현재 전문 번역가로 활동 중이다. 옮긴 책으로는 『손정의 2.0』, 『무의식을 지배하는 말』, 『매일매일 긍정하라』, 『머니 스위치』, 『누구나 끝이 있습니다』, 『깔보는 사람의 심리』 등이 있다.

창작을 꿈꾸는 이들을 위한 안내서
AK 트리비아 시리즈

-AK TRIVIA BOOK

No. 01 도해 근접무기

오나미 아츠시 지음 | 이창협 옮김 | 228쪽 | 13,000원

근접무기, 서브 컬처적 지식을 고찰하다!

검, 도끼, 창, 곤봉, 활 등 현대적인 무기가 등장하기 전에 사용되던 냉병기에 대한 개설서. 각 무기의 형상과 기능, 유형부터 사용 방법은 물론 서브컬처의 세계에서 어떤 모습으로 그려지는가에 대해서도 상세히 해설하고 있다.

No. 02 도해 크툴루 신화

모리세 료 지음 | AK커뮤니케이션즈 편집부 옮김 | 240쪽 | 13,000원

우주적 공포, 현대의 신화를 파헤치다!

현대 환상 문학의 거장 H.P 러브크래프트의 손에 의해 창조된 암흑 신화인 크툴루 신화. 111가지의 키워드를 선정, 각종 도해와 일러스트를 통해 크툴루 신화의 과거와 현재를 해설한다.

No. 03 도해 메이드

이케가미 료타 지음 | 코트랜스 인터내셔널 옮김 | 238쪽 | 13,000원

메이드의 모든 것을 이 한 권에!

메이드에 대한 궁금증을 확실하게 해결해주는 책. 영국, 특히 빅토리아 시대의 사회를 중심으로, 실존했던 메이드의 삶을 보여주는 가이드북.

No. 04 도해 연금술

쿠사노 타쿠미 지음 | 코트랜스 인터내셔널 옮김 | 220쪽 | 13,000원

기적의 학문, 연금술을 짚어보다!

연금술사들의 발자취를 따라 연금술에 대해 자세하게 알아보는 책. 연금술에 대한 풍부한 지식을 쉽고 간결하게 정리하여, 체계적으로 해설하며, '진리'를 위해 모든 것을 바친 이들의 기록이 담겨있다.

No. 05 도해 핸드웨폰

오나미 아츠시 지음 | 이창협 옮김 | 228쪽 | 13,000원

모든 개인화기를 총망라!

권총, 소총, 기관총, 어설트 라이플, 샷건, 머신건 등, 개인 화기를 지칭하는 다양한 명칭들은 대체 무엇을 기준으로 하며 어떻게 붙여진 것일까? 개인 화기의 모든 것을 기초부터 해설한다.

No. 06 도해 전국무장

이케가미 료타 지음 | 이재경 옮김 | 256쪽 | 13,000원

전국시대를 더욱 재미있게 즐겨보자!

소설이나 만화, 게임 등을 통해 많이 접할 수 있는 일본 전국시대에 대한 입문서. 무장들의 활약상, 전국시대의 일상과 생활까지 상세히 서술, 전국시대에 쉽게 접근할 수 있도록 구성했다.

No. 07 도해 전투기

가와노 요시유키 지음 | 문우성 옮김 | 264쪽 | 13,000원

빠르고 강력한 병기, 전투기의 모든 것!

현대전의 정점인 전투기. 역사와 로망 속의 전투기에서 최신예 스텔스 전투기에 이르기까지, 인류의 전쟁사를 바꾸어놓은 전투기에 대하여 상세히 소개한다.

No. 08 도해 특수경찰

모리 모토사다 지음 | 이재경 옮김 | 220쪽 | 13,000원

실제 SWAT 교관 출신의 저자가 특수경찰의 모든 것을 소개!

특수경찰의 훈련부터 범죄 대처법, 최첨단 수사 시스템, 기밀 작전의 아슬아슬한 부분까지 특수경찰을 저자의 풍부한 지식으로 폭넓게 소개한다.

No. 09 도해 전차

오나미 아츠시 지음 | 문우성 옮김 | 232쪽 | 13,000원

지상전의 왕자, 전차의 모든 것!

지상전의 지배자이자 절대 강자 전차를 소개한다. 전차의 힘과 이를 이용한 다양한 전술, 그리고 그 독특한 모습까지. 알기 쉬운 해설과 상세한 일러스트로 전차의 매력을 전달한다.

No. 10 도해 헤비암즈

오나미 아츠시 지음 | 이재경 옮김 | 232쪽 | 13,000원

전장을 압도하는 강력한 화기, 총집합!

전장의 주역, 보병들의 든든한 버팀목인 강력한 화기를 소개한 책. 대구경 기관총부터 유탄 발사기, 무반동총, 대전차 로켓 등, 압도적인 화력으로 전장을 지배하는 화기에 대하여 알아보자!

No. 11 도해 밀리터리 아이템

오나미 아츠시 지음 | 이재경 옮김 | 236쪽 | 13,000원

군대에서 쓰이는 군장 용품을 완벽 해설!

이제 밀리터리 세계에 발을 들이는 입문자들을 위해 '군장 용품'에 대해 최대한 알기 쉽게 다루는 책. 세부적인 사항에 얽매이지 않고, 상식적으로 갖추어야 할 기초지식을 중심으로 구성되어 있다.

No. 12 도해 악마학

쿠사노 타쿠미 지음 | 김문광 옮김 | 240쪽 | 13,000원

악마에 대한 모든 것을 담은 총집서!

악마학의 시작부터 현재까지의 그 연구 및 발전 과정을 한눈에 알아볼 수 있도록 구성한 책. 단순한 흥미를 뛰어넘어 영적이고 종교적인 지식의 깊이까지 더할 수 있는 내용으로 구성.

No. 13 도해 북유럽 신화

이케가미 료타 지음 | 김문광 옮김 | 228쪽 | 13,000원

세계의 탄생부터 라그나로크까지!

북유럽 신화의 세계관, 등장인물, 여러 신과 영웅들이 사용한 도구 및 마법에 대한 설명까지! 당시 북유럽 국가들의 생활상을 통해 북유럽 신화에 대한 이해도를 높일 수 있도록 심층적으로 해설한다.

No. 14 도해 군함

다카하라 나루미 외 1인 지음 | 문우성 옮김 | 224쪽 | 13,000원

20세기의 전함부터 항모, 전략 원잠까지!

군함에 대한 입문서. 종류와 개발사, 구조, 제원 등의 기본부터, 승무원의 일상, 정비 비용까지 어렵게 여겨질 만한 요소를 도표와 일러스트로 쉽게 해설한다.

No. 15 도해 제3제국

모리세 료 외 1인 지음 | 문우성 옮김 | 252쪽 | 13,000원

나치스 독일 제3제국의 역사를 파헤친다!

아돌프 히틀러 통치하의 독일 제3제국에 대한 개론서. 나치스가 권력을 장악한 과정부터 조직 구조, 조직을 이끈 핵심 인물과 상호 관계와 갈등, 대립 등, 제3제국의 역사에 대해 해설한다.

No. 16 도해 근대마술

하니 레이 지음 | AK커뮤니케이션즈 편집부 옮김 | 244쪽 | 13,000원

현대 마술의 개념과 원리를 철저 해부!

마술의 종류와 개념, 이름을 남긴 마술사와 마술 단체, 마술에 쓰이는 도구 등을 설명한다. 겉핥기식의 설명이 아닌, 역사와 각종 매체 속에서 마술이 어떤 영향을 주었는지 심층적으로 해설하고 있다.

No. 17 도해 우주선

모리세 료 외 1인 지음 | 이재경 옮김 | 240쪽 | 13,000원

우주를 꿈꾸는 사람들을 위한 추천서!

우주공간의 과학적인 설명은 물론, 우주선의 태동에서 발전의 역사, 재질, 발사와 비행의 원리 등, 어떤 원리로 날아다니고 착륙할 수 있는지, 자세한 도표와 일러스트를 통해 해설한다.

No. 18 도해 고대병기

미즈노 히로키 지음 | 이재경 옮김 | 224쪽 | 13,000원

역사 속의 고대병기, 집중 조명!

지혜와 과학의 결정체, 병기. 그중에서도 고대의 병기를 집중적으로 조명, 단순한 병기의 나열이 아닌, 각 병기의 탄생 배경과 활약상, 계보, 작동 원리 등을 상세하게 다루고 있다.

No. 19 도해 UFO

사쿠라이 신타로 지음 | 서형주 옮김 | 224쪽 | 13,000원

UFO에 관한 모든 지식과, 그 허와 실.

첫 번째 공식 UFO 목격 사건부터 현재까지, 세계를 떠들썩하게 만든 모든 UFO 사건을 다룬다. 수많은 미스터리는 물론, 종류, 비행 패턴 등 UFO에 관한 모든 지식들을 알기 쉽게 정리했다.

No. 20 도해 식문화의 역사

다카하라 나루미 지음 | 채다인 옮김 | 244쪽 | 13,000원

유럽 식문화의 변천사를 조명한다!

중세 유럽을 중심으로, 음식문화의 변화를 설명한다. 최초의 조리 역사부터 식재료, 예절, 지역별 선호메뉴까지, 시대상황과 분위기, 사람들의 인식이 어떠한 영향을 끼쳤는지 흥미로운 사실을 다룬다.

No. 21 도해 문장

신노 케이 지음 | 기미정 옮김 | 224쪽 | 13,000원

역사와 문화의 시대적 상징물, 문장!

기나긴 역사 속에서 문장이 어떻게 만들어졌고, 어떤 도안들이 이용되었는지, 발전 과정과 유럽 역사 속 위인들의 문장이나 특징적인 문장의 인물에 대해 설명한다.

No. 22 도해 게임이론

와타나베 타카히로 지음 | 기미정 옮김 | 232쪽 | 13,000원

이론과 실용 지식을 동시에!

죄수의 딜레마, 도덕적 해이, 제로섬 게임 등 다양한 사례 분석과 알기 쉬운 해설을 통해, 누구나가 쉽고 직관적으로 게임이론을 이해하고 현실에 적용할 수 있도록 도와주는 최고의 입문서.

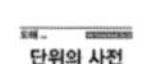

No. 23 도해 단위의 사전

호시다 타다히코 지음 | 문우성 옮김 | 208쪽 | 13,000원

세계를 바라보고, 규정하는 기준이 되는 단위를 풀어보자!

전 세계에서 사용되는 108개 단위의 역사와 사용 방법 등을 해설하는 본격 단위 사전. 정의와 기준, 유래, 측정 대상 등을 명쾌하게 해설한다.

No. 24 도해 켈트 신화

이케가미 료타 지음 | 곽형준 옮김 | 264쪽 | 13,000원

쿠 훌린과 핀 막 쿨의 세계!

켈트 신화의 세계관, 각 설화와 전설의 주요 등장인물들! 이야기에 따라 내용뿐만 아니라 등장인물까지 뒤바뀌는 경우도 있는데, 그런 특별한 사항까지 다루어, 신화의 읽는 재미를 더한다.

No. 25 도해 항공모함

노가미 아키토 외 1인 지음 | 오광웅 옮김 | 240쪽 | 13,000원

군사기술의 결정체, 항공모함 철저 해부!

군사력의 상징이던 거대 전함을 과거의 유물로 전락시킨 항공모함. 각 국가별 발달의 역사와 임무, 영향력에 대한 광범위한 자료를 한눈에 파악할 수 있다.

No. 26 도해 위스키

츠치야 마모루 지음 | 기미정 옮김 | 192쪽 | 13,000원

위스키, 이제는 제대로 알고 마시자!

다양한 음용법과 글라스의 차이, 바 또는 집에서 분위기 있게 마실 수 있는 방법까지, 위스키의 맛을 한층 돋아주는 필수 지식이 가득! 세계적인 위스키 평론가가 전하는 입문서의 결정판.

No. 27 도해 특수부대

오나미 아츠시 지음 | 오광웅 옮김 | 232쪽 | 13,000원

불가능이란 없다! 전장의 스페셜리스트!

특수부대의 탄생 배경, 종류, 규모, 각종 임무, 그들만의 특수한 장비, 어떠한 상황에서도 살아남기 위한 생존 기술까지 모든 것을 보여주는 책. 왜 그들이 스페셜리스트인지 알게 될 것이다.

No. 28 도해 서양화

다나카 쿠미코 지음 | 김상호 옮김 | 160쪽 | 13,000원

서양화의 변천사와 포인트를 한눈에!

르네상스부터 근대까지, 시대를 넘어 사랑받는 명작 84점을 수록. 각 작품들의 배경과 특징, 그림에 담겨있는 비유적 의미와 기법 등, 감상 포인트를 명쾌하게 해설하였으며, 더욱 깊은 이해를 위한 역사와 종교 관련 지식까지 담겨있다.

No. 29 도해 갑자기 그림을 잘 그리게 되는 법

나카야마 시게노부 지음 | 이연희 옮김 | 204쪽 | 13,000원

멋진 일러스트의 초간단 스킬 공개!

투시도와 원근법만으로, 멋지고 입체적인 일러스트를 그릴 수 있는 방법! 그림에 대한 재능이 없다 생각 말고 읽어보자. 그림이 극적으로 바뀔 것이다.

No. 30 도해 사케

키미지마 사토시 지음 | 기미정 옮김 | 208쪽 | 13,000원

사케를 더욱 즐겁게 마셔 보자!

선택 법, 온도, 명칭, 안주와의 궁합, 분위기 있게 마시는 법 등, 사케의 맛을 한층 더 즐길 수 있는 모든 지식이 담겨 있다. 일본 요리의 거장이 전해주는 사케 입문서의 결정판.

No. 31 도해 흑마술

쿠사노 타쿠미 지음 | 곽형준 옮김 | 224쪽 | 13,000원

역사 속에 실존했던 흑마술을 총망라!

악령의 힘을 빌려 행하는 사악한 흑마술을 총망라한 책. 흑마술의 정의와 발전, 기본 법칙을 상세히 설명한다. 또한 여러 국가에서 행해졌던 흑마술 사건들과 관련 인물들을 소개한다.

No. 32 도해 현대 지상전

모리 모토사다 지음 | 정은택 옮김 | 220쪽 | 13,000원

아프간 이라크! 현대 지상전의 모든 것!!

저자가 직접, 실제 전장에서 활동하는 군인은 물론 민간 군사기업 관계자들과도 폭넓게 교류하면서 얻은 정보들을 아낌없이 공개한 책. 현대전에 투입되는 지상전의 모든 것을 해설한다.

No. 33 도해 건파이트

오나미 아츠시 지음 | 송명규 옮김 | 232쪽 | 13,000원

총격전에서 일어나는 상황을 파헤친다!

영화, 소설, 애니메이션 등에서 볼 수 있는 총격전. 그 장면들은 진짜일까? 실전에서는 총기를 어떻게 다루고, 어디에 몸을 숨겨야 할까. 자동차 추격전에서의 대처법 등 건 액션의 핵심 지식.

No. 34 도해 마술의 역사

쿠사노 타쿠미 지음 | 김진아 옮김 | 224쪽 | 13,000원

마술의 탄생과 발전 과정을 알아보자!

고대에서 현대에 이르기까지 마술은 문화의 발전과 함께 널리 퍼져나갔으며, 다른 마술과 접촉하면서 그 깊이를 더해왔다. 마술의 발생시기와 장소, 변모 등 역사와 개요를 상세히 소개한다.

No. 35 도해 군용 차량

노가미 아키토 지음 | 오광웅 옮김 | 228쪽 | 13,000원

지상의 왕자, 전차부터 현대의 바퀴달린 사역마까지!!

전투의 핵심인 전투 차량부터 눈에 띄지 않는 무대에서 묵묵히 임무를 다하는 각종 지원 차량까지. 각자 맡은 임무에 충실하도록 설계되고 고안된 군용 차량만의 다채로운 세계를 소개한다.

No. 36 도해 첩보·정찰 장비

사카모토 아키라 지음 | 문성호 옮김 | 228쪽 | 13,000원

승리의 열쇠 정보! 정보전의 모든 것!

소음총, 소형 폭탄, 소형 카메라 및 통신기 등 영화에서나 등장할 법한 첩보원들의 특수 장비부터 정찰 위성에 이르기까지 첩보 및 정찰 장비들을 400점의 사진과 일러스트로 설명한다.

No. 37 도해 세계의 잠수함

사카모토 아키라 지음 | 류재학 옮김 | 242쪽 | 13,000원

바다를 지배하는 침묵의 자객, 잠수함.

잠수함은 두 번의 세계대전과 냉전기를 거쳐, 최첨단 기술로 최신 무장시스템을 갖추어왔다. 원리와 구조, 승조원의 훈련과 임무, 생활과 전투 방법 등을 사진과 일러스트로 철저히 해부한다.

No. 38 도해 무녀

토키타 유스케 지음 | 송명규 옮김 | 236쪽 | 13,000원

무녀와 샤머니즘에 관한 모든 것!

무녀의 기원부터 시작하여 일본의 신사에서 치르고 있는 각종 의식, 그리고 델포이의 무녀, 한국의 무당을 비롯한 세계의 샤머니즘과 각종 종교를 106가지의 소주제로 분류하여 해설한다!

No. 39 도해 세계의 미사일 로켓 병기

사카모토 아키라 | 유병준·김성훈 옮김 | 240쪽 | 13,000원

ICBM부터 THAAD까지!

현대전의 진정한 주역이라 할 수 있는 미사일. 보병이 휴대하는 대전차 로켓부터 공대공 미사일, 대륙간 탄도탄, 그리고 근래 들어 언론의 주목을 받고 있는 ICBM과 THAAD까지 미사일의 모든 것을 해설한다!

No. 40 독과 약의 세계사

후나야마 신지 지음 | 진정숙 옮김 | 292쪽 | 13,000원

독과 약의 차이란 무엇인가?

화학물질을 어떻게 하면 유용하게 활용할 수 있는가 하는 것은 인류에 있어 중요한 과제 가운데 하나라 할 수 있다. 독과 약의 역사, 그리고 우리 생활과의 관계에 대하여 살펴보도록 하자.

No. 41 영국 메이드의 일상

무라카미 리코 지음 | 조아라 옮김 | 460쪽 | 13,000원

빅토리아 시대의 아이콘 메이드!

가사 노동자이며 직장 여성의 최대 다수를 차지했던 메이드의 일과 생활을 통해 영국의 다른 면을 살펴본다. 『엠마 빅토리안 가이드』의 저자 무라카미 리코의 빅토리안 시대 안내서.

No. 42 영국 집사의 일상

무라카미 리코 지음 | 기미정 옮김 | 292쪽 | 13,000원

집사, 남성 가사 사용인의 모든 것!

Butler, 즉 집사로 대표되는 남성 상급 사용인. 그들은 어떠한 일을 했으며 어떤 식으로 하루를 보냈을까? 『엠마 빅토리안 가이드』의 저자 무라카미 리코의 빅토리안 시대 안내서 제2탄.

No. 43 중세 유럽의 생활

가와하라 아쓰시 외 1인 지음 | 남지연 옮김 | 260쪽 | 13,000원

새롭게 조명하는 중세 유럽 생활사

철저히 분류되는 중세의 신분. 그 중 「일하는 자」의 일상생활은 어떤 것이었을까? 각종 도판과 사료를 통해, 중세 유럽에 대해 알아보자.

No. 44 세계의 군복

사카모토 아키라 지음 | 진정숙 옮김 | 130쪽 | 13,000원

세계 각국 군복의 어제와 오늘!!

형태와 기능미가 절묘하게 융합된 의복인 군복. 제2차 세계대전에서 현대에 이르기까지, 각국의 전투복과 정복 그리고 각종 장구류와 계급장, 훈장 등, 군복만의 독특한 매력을 느껴보자!

No. 45 세계의 보병장비

사카모토 아키라 지음 | 이상언 옮김 | 234쪽 | 13,000원

현대 보병장비의 모든 것!

군에 있어 가장 기본이 되는 보병! 개인화기, 전투복, 군장, 전투식량, 그리고 미래의 장비까지. 제2차 세계대전 이후 눈부시게 발전한 보병 장비와 현대전에 있어 보병이 지닌 의미에 대하여 살펴보자.

No. 46 해적의 세계사

모모이 지로 지음 | 김효진 옮김 | 280쪽 | 13,000원

「영웅」인가, 「공적」인가?

지중해, 대서양, 카리브해, 인도양에서 활동했던 해적을 중심으로, 영웅이자 약탈자, 정복자, 야심가 등 여러 시대에 걸쳐 등장했던 다양한 해적들이 세계사에 남긴 발자취를 더듬어본다.

No. 47 닌자의 세계

야마키타 아츠시 지음 | 송명규 옮김 | 232쪽 | 13,000원

실제 닌자의 활약을 살펴본다!

어떠한 임무라도 완수할 수 있도록 닌자는 온갖 지혜를 짜내며 궁극의 도구와 인술을 만들어냈다. 과연 닌자는 역사 속에서 어떤 활약을 펼쳤을까.

No. 48 스나이퍼

오나미 아츠시 지음 | 이상언 옮김 | 240쪽 | 13,000원

스나이퍼의 다양한 장비와 고도의 테크닉!

아군의 절체절명 위기에서 한 끗 차이의 절묘한 타이밍으로 전세를 역전시키기도 하는 스나이퍼의 세계를 알아본다.

No. 49 중세 유럽의 문화

이케가미 쇼타 지음 | 이은수 옮김 | 256쪽 | 13,000원

심오하고 매력적인 중세의 세계!

기사, 사제와 수도사, 음유시인에 숙녀, 그리고 농민과 상인과 기술자들. 중세 배경의 판타지 세계에서 자주 보았던 그들의 리얼한 생활을 풍부한 일러스트와 표로 이해한다!

No. 50 기사의 세계

이케가미 쇼타 지음 | 이은수 옮김 | 256쪽 | 13,000원

심오하고 매력적인 중세의 세계!

기사, 사제와 수도사, 음유시인에 숙녀, 그리고 농민과 상인과 기술자들. 중세 배경의 판타지 세계에서 자주 보았던 그들의 리얼한 생활을 풍부한 일러스트와 표로 이해한다!

No. 51 영국 사교계 가이드 -19세기 영국 레이디의 생활-

무라카미 리코 지음 | 문성호 옮김 | 216쪽 | 15,000원

19세기 영국 사교계의 생생한 모습!

당시에 많이 출간되었던 「에티켓 북」의 기술을 바탕으로, 빅토리아 시대 중류 여성들의 사교 생활을 알아보며 그 속마음까지 들여다본다.

No. 52 중세 유럽의 성채 도시

무라카미 리코 지음 | 문성호 옮김 | 216쪽 | 15,000원

19세기 영국 사교계의 생생한 모습!

당시에 많이 출간되었던 「에티켓 북」의 기술을 바탕으로, 빅토리아 시대 중류 여성들의 사교 생활을 알아보며 그 속마음까지 들여다본다.

No. 53 마도서의 세계

쿠사노 타쿠미 지음 | 남지연 옮김 | 236쪽 | 15,000원

마도서의 기원과 비밀!

천사와 악마 같은 영혼을 소환하여 자신의 소망을 이루는 마도서의 원리를 설명한다.

No. 54 영국의 주택

야마다 카요코 외 지음 | 문성호 옮김 | 252쪽 | 17,000원

영국인에게 집은 「물건」이 아니라 「문화」다!

영국 지역에 따른 집들의 외관 특징, 건축 양식, 재료 특성, 각종 주택 스타일을 상세하게 설명한다.

환상 네이밍 사전

신키겐샤 편집부 지음 | 유진원 옮김 | 288쪽 | 14,800원

의미 없는 네이밍은 이제 그만!

운명은 프랑스어로 무엇이라고 할까? 독일어, 일본어로는? 중국어로는? 더 나아가 이탈리아어, 러시아어, 그리스어, 라틴어, 아랍어에 이르기까지. 1,200개 이상의 표제어와 11개국어, 13,000개 이상의 단어를 수록!!

중2병 대사전

노무라 마사타카 지음 | 이재경 옮김 | 200쪽 | 14,800원

이 책을 보는 순간, 당신은 이미 궁금해하고 있다!

사춘기 청소년이 행동할 법한, 손발이 오그라드는 행동이나 사고를 뜻하는 중2병. 서브컬쳐 작품에 자주 등장하는 중2병의 의미와 기원 등, 102개의 항목에 대해 해설과 칼럼을 곁들여 알기 쉽게 설명 한다.

크툴루 신화 대사전

고토 카츠 외 1인 지음 | 곽형준 옮김 | 192쪽 | 13,000원

신화의 또 다른 매력, 무한한 가능성!

H.P. 러브크래프트를 중심으로 여러 작가들의 설정이 거대한 세계관으로 자리잡은 크툴루 신화. 현대 서브 컬처에 지대한 영향을 끼치고 있다. 대중 문화 속에 알게 모르게 자리 잡은 크툴루 신화의 요소를 설명하는 본격 해설서.

문양박물관

H. 돌메치 지음 | 이지은 옮김 | 160쪽 | 8,000원

세계 문양과 장식의 정수를 담다!

19세기 독일에서 출간된 H.돌메치의 『장식의 보고』를 바탕으로 제작된 책이다. 세계 각지의 문양 장식을 소개한 이 책은 이론보다 실용에 초점을 맞춘 입문서. 화려하고 아름다운 전 세계의 문양을 수록한 실용적인 자료집으로 손꼽힌다.

고대 로마군 무기·방어구·전술 대전

노무라 마사타카 외 3인 지음 | 기미정 옮김 | 224쪽 | 13,000원

위대한 정복자, 고대 로마군의 모든 것!

부대의 편성부터 전술, 장비 등, 고대 최강의 군대라 할 수 있는 로마군이 어떤 집단이었는지 상세하게 분석하는 해설서. 압도적인 군사력으로 세계를 석권한 로마 제국. 그 힘의 전모를 철저하게 검증한다.

도감 무기 갑옷 투구

이치카와 사다하루 외 3인 지음 | 남지연 옮김 | 448쪽 | 29,000원

역사를 망라한 궁극의 군장도감!

고대로부터 무기는 당시 최신 기술의 정수와 함께 철학과 문화, 신념이 어우러져 완성되었다. 이 책은 그러한 무기들의 기능, 원리, 목적 등과 더불어 그 기원과 발전 양상 등을 그림과 표를 통해 알기 쉽게 설명하고 있다. 역사상 실재한 무기와 갑옷, 투구들을 통사적으로 살펴보자!

중세 유럽의 무술, 속 중세 유럽의 무술

오사다 류타 지음 | 남유리 옮김 |
각 권 672쪽~624쪽 | 각 권 29,000원

본격 중세 유럽 무술 소개서!

막연하게만 떠오르는 중세 유럽~르네상스 시대에 활약했던 검술과 격투술의 모든 것을 담은 책. 영화 등에서만 접할 수 있었던 유럽 중세시대 무술의 기본이념과 자세, 방어, 보법부터, 시대를 풍미한 각종 무술까지, 일러스트를 통해 알기 쉽게 설명한다.

최신 군용 총기 사전

토코이 마사미 지음 | 오광웅 옮김 | 564쪽 | 45,000원

세계 각국의 현용 군용 총기를 총망라!

주로 군용으로 개발되었거나 군대 또는 경찰의 대테러부대처럼 중무장한 조직에 배치되어 사용되고 있는 소화기가 중점적으로 수록되어 있으며, 이외에도 각 제작사에서 국제 군수시장에 수출할 목적으로 개발, 시제품만이 소수 제작되었던 총기류도 함께 실려 있다.

초패미컴, 초초패미컴

타네 키요시 외 2인 지음 | 문성호 외 1인 옮김 |
각 권 360, 296쪽 | 각 14,800원

게임은 아직도 패미컴을 넘지 못했다!

패미컴 탄생 30주년을 기념하여, 1983년 『동키콩』 부터 시작하여, 1994년 『타카하시 명인의 모험도 IV』까지 총 100여 개의 작품에 대한 리뷰를 담은 영구 소장판. 패미컴과 함께했던 아련한 추억을 간직하고 있는 모든 이들을 위한 책이다.

초쿠소게 1,2

타네 키요시 외 2인 지음 | 문성호 옮김 |
각 권 224, 300쪽 | 각 권 14,800원

망작 게임들의 숨겨진 매력을 재조명!

『쿠소게クソゲ-』란 '똥-クソ'과 '게임-Game'의 합성어로, 어감 그대로 정말 못 만들고 재미없는 게임을 지칭할 때 사용되는 조어이다. 우리말로 바꾸면 망작 게임 정도가 될 것이다. 레트로 게임에서부터 플레이스테이션3까지 게이머들의 기대를 보란듯이 저버렸던 수많은 쿠소게들을 총망라하였다.

초에로게, 초에로게 하드코어

타네 키요시 외 2인 지음 | 이은수 옮김 |
각 권 276쪽 , 280쪽 | 각 권 14,800원

명작 18금 게임 총출동!

에로게란 '에로-エロ'와 '게임-Game'의 합성어로, 말 그대로 성적인 표현이 담긴 게임을 지칭한다. '에로게 헌터'라 자처하는 베테랑 저자들의 엄격한 심사(?!)를 통해 선정된 '명작 에로게' 들에 대한 본격 리뷰집!!

세계의 전투식량을 먹어보다

키쿠즈키 토시유키 지음 | 오광웅 옮김 | 144쪽 | 13,000원

전투식량에 관련된 궁금증을 한권으로 해결!

전투식량이 전장에서 자리를 잡아가는 과정과, 미국의 독립전쟁부터 시작하여 역사 속 여러 전쟁의 전투식량 배급 양상을 살펴보는 책. 식품부터 식기까지, 수많은 전쟁 속에서 전투식량이 어떠한 모습으로 등장하였고 병사들은 이를 어떻게 취식하였는지, 흥미진진한 역사를 소개하고 있다.

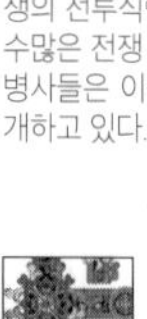

세계장식도 Ⅰ, Ⅱ

오귀스트 라시네 지음 | 이지은 옮김 | 각 권 160쪽 | 각 권 8,000원

공예 미술계 불후의 명작을 농축한 한 권!

19세기 프랑스에서 가장 유명한 디자이너였던 오귀스트 라시네의 대표 저서 「세계장식 도집성」에서 인상적인 부분을 뽑아내 콤팩트하게 정리한 다이제스트판. 공예 미술의 각 분야를 포괄하는 내용을 담은 책으로, 방대한 예시를 더욱 정교하게 소개한다.

서양 건축의 역사

사토 다쓰키 지음 | 조민경 옮김 | 264쪽 | 14,000원

서양 건축사의 결정판 가이드 북!

건축의 역사를 살펴보는 것은 당시 사람들의 의식을 들여다보는 것과도 같다. 이 책은 고대에서 중세, 르네상스기로 넘어오며 탄생한 다양한 양식들을 당시의 사회, 문화, 기후, 토질 등을 바탕으로 해설하고 있다.

세계의 건축

코우다 미노루 외 1인 지음 | 조민경 옮김 | 256쪽 | 14,000원

고품격 건축 일러스트 자료집!

시대를 망라하여, 건축물의 외관 및 내부의 장식을 정밀한 일러스트로 소개한다. 흔히 보이는 풍경이나 딱딱한 도시의 건축물이 아닌, 고풍스러운 건물들을 섬세하고 세밀한 선화로 표현하여 만화, 일러스트 자료에 최적화된 형태로 수록하고 있다

지중해가 낳은 천재 건축가 -안토니오 가우디

이리에 마사유키 지음 | 김진아 옮김 | 232쪽 | 14,000원

천재 건축가 가우디의 인생, 그리고 작품

19세기 말~20세기 초의 카탈루냐 지역 및 그의 작품들이 지어진 바르셀로나의 지역사, 그리고 카사 바트요, 구엘 공원, 사그라다 파밀리아 성당 등의 작품들을 통해 안토니오 가우디의 생애를 본격적으로 살펴본다.

민족의상 1,2

오귀스트 라시네 지음 | 이지은 옮김 | 각 권 160쪽 | 각 8,000원

화려하고 기품 있는 색감!!

디자이너 오귀스트 라시네의 「복식사」 전 6권 중에서 민족의상을 다룬 부분을 바탕으로 제작되었다. 당대에 정점에 올랐던 석판 인쇄 기술로 완성되어, 시대가 흘렀음에도 그 세세하고 풍부하고 아름다운 색감이 주는 감동은 여전히 빛을 발한다.

중세 유럽의 복장

오귀스트 라시네 지음 | 이지은 옮김 | 160쪽 | 8,000원

고품격 유럽 민족의상 자료집!!

19세기 프랑스의 유명한 디자이너 오귀스트 라시네가 직접 당시의 민족의상을 그린 자료집. 유럽 각지에서 사람들이 실제로 입었던 민족의상의 모습을 그대로 풍부하게 수록하였다. 각 나라의 특색과 문화가 담겨 있는 민족의상을 감상할 수 있다.

그림과 사진으로 풀어보는 이상한 나라의 앨리스

구와바라 시게오 지음 | 조민경 옮김 | 248쪽 | 14,000원

매혹적인 원더랜드의 논리를 완전 해설!

산업 혁명을 통한 눈부신 문명의 발전과 그 그늘. 도덕주의와 엄숙주의, 위선과 허영이 병존하던 빅토리아 시대는 「원더랜드」의 탄생과 그 배경으로 어떻게 작용했을까? 순진 무구한 소녀 앨리스가 우연히 발을 들인 기묘한 세상의 완전 가이드북!!

그림과 사진으로 풀어보는 알프스 소녀 하이디

지바 가오리 외 지음 | 남지연 옮김 | 224쪽 | 14,000원

하이디를 통해 살펴보는 19세기 유럽사!

「하이디」라는 작품을 통해 19세기 말의 스위스를 알아본다. 또한 원작자 슈피리의 생애를 교차시켜 「하이디」의 세계를 깊이 파고든다. 「하이디」를 읽을 사람은 물론, 작품을 보다 깊이 감상하고 싶은 사람에게 있어 좋은 안내서가 되어줄 것이다.

영국 귀족의 생활

다나카 료조 지음 | 김상호 옮김 | 192쪽 | 14,000원

영국 귀족의 우아한 삶을 조명한다

현대에도 귀족제도가 남아있는 영국. 귀족이 영국 사회에서 어떠한 의미를 가지고 또 기능하는지, 상세한 설명과 사진자료를 통해 귀족 특유의 화려함과 고상함의 이면에 자리 잡은 책임과 무게, 귀족의 삶 깊숙한 곳까지 스며든 '노블레스 오블리주'의 진정한 의미를 알아보자.

요리 도감

오치 도요코 지음 | 김세원 옮김 | 384쪽 | 18,000원

요리는 힘! 삶의 저력을 키워보자!!

이 책은 부모가 자식에게 조곤조곤 알려주는 요리 조언집이다. 처음에는 요리가 서툴고 다소 귀찮게 느껴질지 모르지만, 약간의 요령과 습관만 익히면 스스로 요리를 완성한다는 보람과 매력, 그리고 요리라는 삶의 지혜에 눈을 뜨게 될 것이다.

사육 재배 도감

아라사와 시게오 지음 | 김민영 옮김 | 384쪽 | 18,000원

동물과 식물을 스스로 키워보자!

생명을 돌보는 것은 결코 쉬운 일이 아니다. 꾸준히 손이 가고, 인내심과 동시에 책임감을 요구하기 때문이다. 그럴 때 이 책과 함께 한다면 어떨까? 살아있는 생명과 함께하며 성숙해진 마음은 그 무엇과도 바꿀 수 없는 보물로 남을 것이다.

식물은 대단하다

다나카 오사무 지음 | 남지연 옮김 | 228쪽 | 9,800원

우리 주변의 식물들이 지닌 놀라운 힘!

오랜 세월에 걸쳐 거목을 말려 죽이는 교살자 무화과나무, 딱지를 만들어 몸을 지키는 바나나 등 식물이 자신을 보호하는 아이디어, 환경에 적응하여 살아가기 위한 구조의 대단함을 해설한다. 동물은 흉내 낼 수 없는 식물의 경이로운 능력을 알아보자.

그림과 사진으로 풀어보는 마녀의 약초상자

니시무라 유코 지음 | 김상호 옮김 | 220쪽 | 13,000원

「약초」라는 키워드로 마녀를 추적하다!

정체를 알 수 없는 약물을 제조하거나 저주와 마술을 사용했다고 알려진 「마녀」란 과연 어떤 존재였을까? 그들이 제조해온 마법약의 재료와 제조법, 마녀들이 특히 많이 사용했던 여러 종의 약초와 그에 얽힌 이야기들을 통해 마녀의 비밀을 알아보자.

초콜릿 세계사 -근대 유럽에서 완성된 갈색의 보석

다케다 나오코 지음 | 이지은 옮김 | 240쪽 | 13,000원

신비의 약이 연인 사이의 선물로 자리 잡기까지의 역사!

원산지에서 「신의 음료」라고 불렸던 카카오. 유럽 탐험가들에 의해 서구 세계에 알려진 이래, 19세기에 이르러 오늘날의 형태와 같은 초콜릿이 탄생했다. 전 세계로 널리 퍼질 수 있었던 초콜릿의 흥미진진한 역사를 살펴보자.

초콜릿어 사전

Dolcerica 가가와 리카코 지음 | 이지은 옮김 | 260쪽 | 13,000원

사랑스러운 일러스트로 보는 초콜릿의 매력!

나른해지는 오후, 기력 보충 또는 기분 전환 삼아 한 조각 먹게 되는 초콜릿. 『초콜릿어 사전』은 초콜릿의 역사와 종류, 제조법 등 기본 정보와 관련 용어 그리고 그 해설을 유머러스하면서도 사랑스러운 일러스트와 함께 싣고 있는 그림 사전이다.

판타지세계 용어사전

고타니 마리 감수 | 전홍식 옮김 | 248쪽 | 18,000원

판타지의 세계를 즐기는 가이드북!

온갖 신비로 가득한 판타지의 세계. 『판타지세계 용어사전』은 판타지의 세계에 대한 이해를 돕고 보다 깊이 즐길 수 있도록, 세계 각국의 신화, 전설, 역사적 사건 속의 용어들을 뽑아 해설하고 있으며, 한국어판 특전으로 역자가 엄선한 한국 판타지 용어 해설집을 수록하고 있다.

세계사 만물사전

헤이본샤 편집부 지음 | 남지연 옮김 | 444쪽 | 25,000원

우리 주변의 교통 수단을 시작으로, 의복, 각종 악기와 음악, 문자, 농업, 신화, 건축물과 유적 등, 고대부터 제2차 세계대전 종전 이후까지의 각종 사물 약 3000점의 유래와 그 역사를 상세한 그림으로 해설한다.

고대 격투기

오사다 류타 지음 | 남지연 옮김 | 264쪽 | 21,800원

고대 지중해 세계의 격투기를 총망라!

레슬링, 복싱, 판크라티온 등의 맨몸 격투술에서 무기를 활용한 전투술까지 풍부하게 수록한 격투 교본. 고대 이집트 · 로마의 격투술을 일러스트로 상세하게 해설한다.

에로 만화 표현사

키미 리토 지음 | 문성호 옮김 | 456쪽 | 29,000원

에로 만화에 학문적으로 접근하다!

에로 만화 주요 표현들의 깊은 역사, 복잡하게 얽힌 성립 배경과 관련 사건 등에 대해 자세히 분석해본다.

AK Trivia Book 55

발효

초판 1쇄 인쇄 2019년 6월 10일
초판 1쇄 발행 2019년 6월 15일

저자 : 고이즈미 다케오
번역 : 장현주

펴낸이 : 이동섭
편집 : 이민규, 서찬웅, 탁승규
디자인 : 조세연, 백승주, 김현승
영업 · 마케팅 : 송정환
e-BOOK : 홍인표, 김영빈, 유재학, 최정수, 이현주
관리 : 이윤미

㈜에이케이커뮤니케이션즈
등록 1996년 7월 9일(제302-1996-00026호)
주소 : 04002 서울 마포구 동교로 17안길 28, 2층
TEL : 02-702-7963~5 FAX : 02-702-7988
http://www.amusementkorea.co.kr

ISBN 979-11-274-2583-8 03590

이 도서의 국립중앙도서관 출판예정도서목록(CIP)은
서지정보유통지원시스템 홈페이지(http://seoji.nl.go.kr)와
국가자료공동목록시스템(http://www.nl.go.kr/kolisnet)에서 이용하실 수 있습니다.
(CIP제어번호: CIP2019019498)